AF869521

L'Évolution des espèces

2. Les mécanismes

La science partagée

En quelques années, les nouveaux moyens d'observation et les grandes avancées scientifiques ont bouleversé nos connaissances de l'Univers.

Plus que jamais, le public a besoin d'établir un dialogue avec les chercheurs pour satisfaire sa soif d'information. L'objectif de l'Espace des sciences est de mettre les sciences à la portée de tous, afin que la culture scientifique devienne une composante essentielle de la culture, de l'éducation et du savoir lui-même.

Installé dans les Champs Libres, dans le cadre de Rennes Métropole, aux côtés de la bibliothèque et du musée de Bretagne, l'Espace des sciences organise son activité autour de quatre axes :

- réalisation de nombreuses expositions temporaires et permanentes, activités de médiation scientifique en lien avec les sujets exposés ;

- animation scientifique d'un planétarium numérique afin de populariser l'astronomie ;

- édition d'une revue mensuelle de la recherche *Sciences Ouest* et développement d'un site multimédia www.espace-sciences.org ;

- organisation des mardis de l'Espace des sciences, de conférences publiques sur des thèmes d'actualité.

D'autres ouvrages paraîtront dans cette collection pour vous permettre de mieux comprendre le monde. Bonne lecture et bienvenue à l'Espace des sciences !

Jacques Lucas
Président de l'Espace des sciences

Michel Cabaret
Directeur de l'Espace des sciences

Les auteurs : **Maxime Hervé** est doctorant en écologie des interactions plantes/insectes à l'INRA de Rennes. **Denis Poinsot** est maître de conférences en biologie animale à l'université de Rennes 1.

Image de couverture © Anne Boudier
© Éditions Apogée, 2013
ISBN 978-2-84398-437-2

Maxime Hervé
Denis Poinsot

L'Évolution des espèces

2. Les mécanismes

BIBLIOTHEQUE
DE LARDY

Éditions Apogée

FIG. 1. Charles Darwin (1809-1882)

Avant-propos

L'idée que les espèces évoluent n'est pas nouvelle. Au XVIIIe siècle déjà, des naturalistes comme Buffon ou Maupertuis l'avaient compris. Cependant, ils n'avaient aucun mécanisme à proposer pour expliquer cette évolution. C'est en 1809 qu'un français, Jean-Baptiste de Lamarck, exposa la première réelle théorie cohérente de l'évolution, dans son ouvrage *Philosophie zoologique*. Malheureusement pour lui, sa théorie s'est révélée fausse.

Cinquante ans plus tard, en 1859, un naturaliste anglais proposa sa propre théorie de l'évolution dans un ouvrage qui aujourd'hui encore reste fondateur de la biologie moderne : *L'Origine des espèces*. Ce naturaliste, le célèbre Charles Darwin, avait vu juste. Le mécanisme qu'il identifia comme central dans l'évolution des espèces, et qu'il nomma sélection naturelle, a depuis été validé des centaines de fois par l'expérimentation et l'observation des organismes dans leur milieu naturel*.

La théorie darwinienne de l'évolution s'est considérablement enrichie depuis 150 ans. Le développement de la génétique et la découverte de l'ADN, dans la première moitié du XXe siècle, ont en particulier constitué un apport considérable. Dans les années 1950, toutes les connaissances acquises ont été mises en cohérence dans ce que l'on appelle la **théorie synthétique de l'évolution**. Ce sont les bases de cette théorie synthétique que nous vous proposons de découvrir dans ce livre.

* Un autre naturaliste anglais, Alfred Wallace, avait compris le principe de la sélection naturelle avant la publication de *L'Origine des espèces*. L'histoire retint Darwin pour de nombreuses raisons, la principale étant qu'il avait formulé sa théorie le premier, quinze ans déjà avant la publication de son ouvrage.

Au cœur de l'évolution : la sélection naturelle

La *sélection naturelle* est le mécanisme proposé en 1859 par Charles Darwin pour expliquer l'évolution des espèces. Plus de 150 ans plus tard il n'a jamais été réfuté et reste toujours le cœur de l'explication de l'évolution du vivant.

Qu'est-ce que la sélection naturelle ?

Nous sommes tous différents

Comprendre la sélection naturelle c'est commencer par faire une observation très simple : tous les êtres vivants sont différents les uns des autres. Cela est particulièrement évident lorsque nous observons l'espèce que nous connaissons le mieux : la nôtre. Il est en effet clair que nous n'avons pas tous la même couleur de cheveux, la même taille, la même voix... C'est d'ailleurs grâce à toutes ces différences que l'on peut se reconnaître, savoir « à qui l'on a affaire ». Il est peut-être moins évident de reconnaître que tous les autres animaux, les plantes ou encore les micro-organismes (ces êtres vivants si petits que l'on ne peut les observer à l'œil nu, comme les bactéries ou les virus) diffèrent également entre eux. Une vache est une vache, une capucine est une capucine, et il est bien difficile de reconnaître les individus que l'on a en face de soi. Pourtant, les vaches sont toutes différentes entre elles : la couleur du pelage, le gabarit ou encore la taille des cornes ne sont jamais complètement identiques entre les différents membres du troupeau. Les éleveurs le savent bien et ils n'ont aucun mal à reconnaître leurs bêtes. Pour les capucines, c'est la même chose : la couleur des pétales, la taille de la tige ou encore le nombre de fleurs varient entre chaque plante. Un jardinier passionné n'a aucun mal à voir ces différences. **Au sein de toutes les espèces, il existe donc de la variation**.

Fig. 2. Tous les êtres vivants sont différents : les animaux, les végétaux comme les micro-organismes (ici des vaches, des capucines et des bactéries de notre tube digestif).

Les grands font des grands

Continuons par faire un autre constat, toujours aussi simple : certaines caractéristiques des parents sont transmises à leurs descendants. Nous faisons cette observation en permanence, en disant par exemple que celui-ci « a hérité du nez de son père » ou encore que celle-ci « a le teint de sa mère ». Prenons un exemple plus général : « Les grands font des grands. » Derrière son apparente banalité, que sous-entend cette affirmation ? D'une part que tous les individus n'ont pas la même taille (c'est la variation dont nous avons parlé précédemment); d'autre part que les parents de grande taille ont tendance à faire des enfants de grande taille. On dit de la taille qu'elle est un caractère *héritable*, c'est-à-dire **un caractère transmis à la descendance**. Autrement dit, les descendants peuvent hériter de la taille de leurs parents. Bien sûr ces descendants ne font jamais exactement la même taille que leurs parents, car de nombreux facteurs extérieurs ont également une influence. L'héritabilité d'un caractère n'est que très rarement totale.

Il existe un grand nombre de caractères héritables. Les plus visibles chez l'homme sont par exemple la forme du visage, la couleur des cheveux ou encore la pilosité. À l'inverse, d'autres caractères ne sont pas héritables. Par exemple, un joueur d'échecs professionnel ne transmet pas sa capacité à prévoir les prochains coups de l'adversaire (ses enfants ne peuvent échapper aux années d'entraînement s'ils veulent atteindre le même niveau). De même, une personne handicapée après un accident ne transmet pas son handicap à ses enfants nés après l'accident.
L'héritabilité des caractères n'est pas réservée à l'homme. Pour revenir aux vaches et aux capucines, il est évident que les vaches à longs poils ont une descendance à longs poils et que les vaches à pelage noir et blanc ont une descendance à pelage noir et blanc. C'est comme cela que l'homme perpétue les races de vaches, tout comme les races de chiens ou de chevaux. Dans le monde végétal, les graines de capucines jaunes donnent des capucines jaunes, tandis que les graines de capucines rouges donnent des capucines rouges. C'est comme cela que sont perpétuées les variétés de plantes.

FIG. 3. L'héritabilité des caractères est le phénomène naturel qui permet la perpétuation des races d'animaux et des variétés de plantes.

Toutes les espèces ont la capacité d'envahir le monde

Intéressons-nous maintenant à la capacité de reproduction des êtres vivants. Prenons un exemple commun : le chat domestique. Chez cette espèce, une femelle peut mettre au monde une portée (voire plusieurs) chaque année, constituée en moyenne de quatre à cinq petits. Ces petits peuvent se reproduire dès l'année suivante, et la période de reproduction s'étend sur une dizaine à une quinzaine d'années. Cela veut dire que chaque année, aux individus déjà présents s'ajoutent quatre ou cinq chatons par femelle. Si l'on fait les calculs, la population de chats triple ainsi tous les ans (en moyenne). Au bout de quelques années seulement, nous pourrions donc être envahis de chats ! Cet exemple illustre un phénomène qui vaut pour tous les êtres vivants : **toutes les espèces, par le simple jeu de la reproduction, ont la capacité d'envahir le monde**.

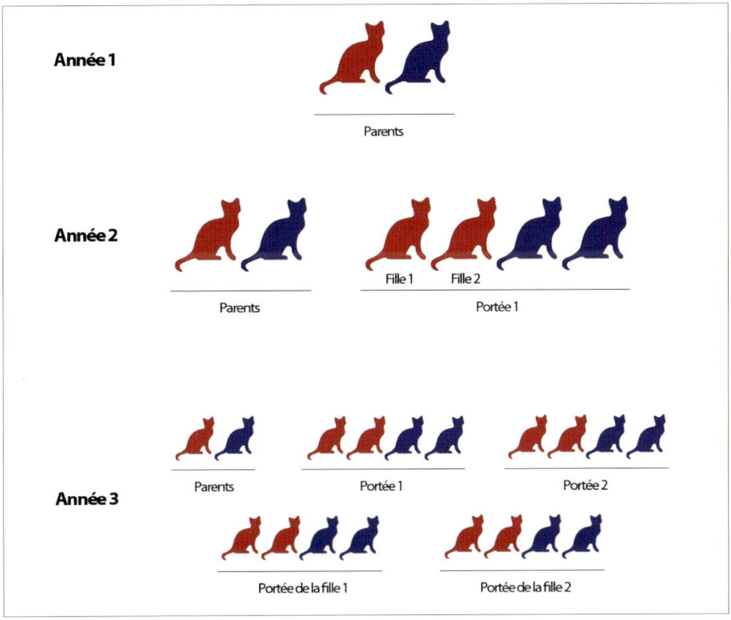

FIG. 4. Évolution de la taille d'une population de chats domestiques (rouge : femelles, bleu : mâles).

Ce qui change entre les espèces, c'est la vitesse à laquelle se ferait l'invasion. En effet, plus les femelles se reproduisent souvent et plus elles produisent de descendants à chaque fois, plus cette vitesse est élevée. C'est le cas chez la

majorité des insectes, où les femelles pondent leurs œufs par dizaines voire centaines. Chez les végétaux cette vitesse est également souvent rapide : chez les pins par exemple, chaque « pomme » contient plusieurs dizaines de graines. Un seul arbre produit donc des milliers de graines par an.
Même les espèces qui se reproduisent très lentement ont potentiellement la capacité d'envahir le monde. Prenons les éléphants, dont les femelles donnent entre cinq et dix petits dans leur vie, c'est-à-dire sur cinquante à soixante-dix ans. Chacune des femelles parmi ces petits peut en produire elle-même cinq à dix. La logique est la même qu'avec le chat domestique, sauf que dans le cas des éléphants il faudrait des siècles pour qu'ils envahissent la planète (la population d'éléphants devrait doubler en moyenne tous les 70 ans).

Aucune espèce ne domine pourtant la Terre

Malgré le potentiel d'invasion de toutes les espèces, il est évident qu'aucune n'a vraiment tout envahi. La preuve la plus directe de cela est que des millions d'espèces coexistent partout dans le monde, alors que si quelques-unes dominaient il n'y aurait aucune place pour les autres. L'accroissement infini de toutes les espèces est donc *limité*, mais par quoi ?
L'explication est assez intuitive : tous les individus ne survivent pas jusqu'à l'âge de la reproduction et tous ceux qui y arrivent ne se reproduisent pas. **Ils sont limités, dans leur survie et dans leur reproduction.** Par quoi sont-ils limités ? Par leur *milieu*.
Le milieu correspond à tout ce qui entoure un individu, à la fois ce qui est vivant et ce qui ne l'est pas. Il agit sur les individus d'une multitude de façons. Par exemple, parmi les facteurs non vivants du milieu, une température trop basse (comme le gel en hiver) ou trop élevée (comme une canicule en été) peut entraîner la mort des individus, animaux comme végétaux ou microbiens. La stérilisation thermique en est une bonne illustration, puisqu'elle consiste bien à augmenter la température pour tuer les microbes. L'abondance de l'eau est aussi un facteur non vivant important pour la survie des individus : très peu d'espèces arrivent à vivre dans les déserts arides. Les facteurs vivants du milieu jouent également un rôle considérable : l'abondance de la nourriture

détermine combien d'individus au maximum peuvent survivre sans mourir de faim. La compétition entre les espèces qui ont la même source de nourriture diminue les chances de chacune de survivre. Les prédateurs limitent l'expansion des espèces dont ils se nourrissent, tout comme les maladies ou les parasites.

Lorsqu'ils survivent jusqu'à l'âge de la reproduction, beaucoup d'individus ne se reproduisent pas : chez les animaux les mâles doivent fréquemment se battre pour avoir accès aux femelles, tandis que chez les végétaux la plupart des graines sont dévorées par des insectes, des oiseaux ou des rongeurs, ce qui limite la reproduction de la plante qui les a produites.

Tous les individus de toutes les espèces sont ainsi limités dans leur survie et leur reproduction par le milieu qui les entoure. Darwin avait appelé ce phénomène « la lutte pour l'existence » [*cf.* FIG. 5].

La sélection naturelle

Après avoir fait les constats précédents, il est plus facile de comprendre le mécanisme de la sélection naturelle et ainsi comment les espèces évoluent. Nous avons vu que tous les individus sont différents car de très nombreux caractères présentent de la variation. On appelle d'ailleurs *variant* un état possible d'un tel caractère. Par exemple, le caractère « couleur des cheveux » présente de la variation. Les variants classiques de ce caractère sont « brun », « blond », « roux »... Nous avons également vu que de nombreux caractères sont héritables, c'est-à-dire transmis (au moins partiellement) à la descendance. Nous avons enfin vu que le milieu agit sur les individus en limitant leur survie et leur reproduction.

L'idée révolutionnaire de Charles Darwin est de lier toutes ces observations et d'en tirer la conclusion que **les individus qui survivent et se reproduisent le mieux sont ceux qui possèdent les variants qui les avantagent le plus dans leur milieu**. Ces individus les plus avantagés peuvent être ceux qui se cachent le mieux face aux prédateurs, ceux qui résistent le mieux au froid de l'hiver, ceux qui sont le moins sensibles aux maladies ou encore ceux qui sont les plus efficaces dans la compétition pour l'accès à la nourriture... Peu importe la raison, il y a toujours des individus plus avantagés que les autres [*cf.* FIG. 6].

Fig. 5. Survivre et réussir à se reproduire est un combat perpétuel pour tous les organismes.

Fig. 6. Les individus les mieux cachés sont avantagés face à leurs congénères car ils sont moins repérés par les prédateurs (ici un phasme feuille).

Fig. 7. Dans la savane, l'important n'est pas de courir plus vite que les prédateurs mais plus vite que ses congénères.

Si les individus qui possèdent les variants les plus avantageux survivent mieux et se reproduisent plus, ils vont logiquement laisser plus de descendants que ceux qui possèdent les variants moins avantageux. À la génération suivante, si les caractères en question sont héritables, il y aura donc plus d'individus portant les variants avantageux. Si le milieu n'a pas changé, ces variants restent les plus avantageux, et donc ces descendants vont eux aussi donner davantage de descendants que les autres. Petit à petit, il va donc y avoir de plus en plus d'individus portant ces variants avantageux dans l'espèce. Au bout d'un certain nombre de générations, si l'on compare les individus de la première génération à ceux de la dernière, on verra que les variants avantageux se sont « propagés ». L'espèce se sera globalement transformée pour « acquérir » ces variants avantageux. On dit qu'elle s'est *adaptée* à son milieu. **Le « tri » entre les variants réalisé en fait par le milieu pour ne garder que les plus avantageux, c'est cela que l'on appelle la *sélection naturelle*.**

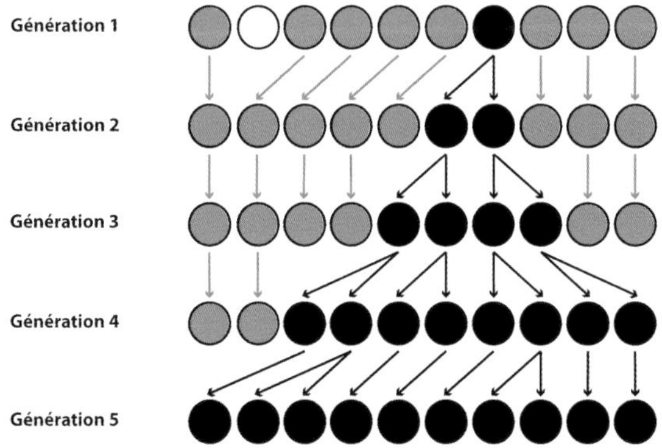

FIG. 8. Principe de la sélection naturelle. Le milieu contient assez de nourriture pour dix individus de l'espèce. Pour le caractère « aptitude à trouver de la nourriture », il existe trois variants à la première génération : un majoritaire moyennement avantageux (gris), un minoritaire très désavantageux (blanc) et un minoritaire très avantageux (noir). Le milieu ne changeant pas entre la première et la dernière génération, l'espèce s'adapte par propagation du variant très avantageux.

Prenons un exemple : imaginons un milieu, la savane, dans lequel vivent une espèce herbivore et une espèce carnivore prédatrice de la première. Pour l'espèce proie, les variants avantageux sont ceux qui permettent de mieux échapper au prédateur. Il est en effet évident que plus on évite le prédateur et meilleure est la survie, puisque se faire attraper signifie à coup sûr la mort. Une manière classique d'échapper aux prédateurs dans un milieu ouvert comme la savane est de courir plus vite qu'eux. Les individus les plus avantagés sont donc ceux qui courent plus vite que leurs congénères. Ces individus survivent plus longtemps et donc se reproduisent plus que les autres, et ainsi de génération en génération — tant que la savane reste la savane — il y a de plus en plus d'individus courant rapidement. Comme il faut toujours fuir plus vite que les autres, à chaque génération les coureurs les plus rapides sont sélectionnés. Au final, l'espèce s'adapte en courant de plus en plus vite (ce qui veut en fait dire que, génération après génération, les individus de cette espèce courent de plus en plus vite). C'est ce type d'évolution qui s'est produit (et continue certainement encore) chez les gazelles et les antilopes, qui échappent aux grands félins de la savane (lions, guépards…) par la course [*cf.* FIG. 7].

Il y a plusieurs idées importantes à bien saisir pour comprendre le mécanisme de la sélection naturelle :

(i) La sélection naturelle ne peut agir que sur des caractères variables. En effet, s'il n'y a pas de variation aucun individu ne peut être avantagé par rapport aux autres. Il ne peut donc y avoir d'évolution pour ce caractère.

(ii) La sélection naturelle ne peut porter que sur des caractères héritables. En effet, si un caractère n'est pas héritable, ses variants ne sont pas transmis à la descendance. L'avantage qu'ils procurent n'est donc pas transmis, et ils ne peuvent donc pas se propager.

(iii) Les variants qui sont avantageux le sont toujours *dans un milieu donné*, pas dans l'absolu. Si l'on plaçait tous les individus dans un autre milieu, d'autres variants seraient certainement plus avantageux. Cela veut dire que si le milieu change, la sélection naturelle fait évoluer l'espèce d'une façon différente. Par contre, tant qu'il ne change pas, la sélection va dans le même sens et l'espèce évolue dans la même direction. **La sélection naturelle n'a pas de but prédéfini**.

Fig. 9. Être vert est avantageux pour se cacher sur un fond vert (des feuilles), mais pas sur un fond brun (du sol). L'avantage (ou le désavantage) procuré par un variant dépend du milieu.

(iv) Peu importe si l'avantage procuré par un variant est important ou faible par rapport aux autres : tant qu'un variant est avantageux (c'est-à-dire tant que le milieu ne change pas), il se propage dans l'espèce. S'il est très avantageux l'espèce évolue plus vite, tandis que s'il est seulement un peu plus avantageux l'évolution est plus lente. Dans la nature, l'écart entre les avantages procurés (ou pas) par les différents variants est généralement faible. Les espèces évoluent donc *lentement* car il faut des centaines, des milliers voire des dizaines de milliers de générations pour que les variants avantageux se propagent (la figure 8 est donc très schématique).
(v) Ce ne sont pas les individus qui évoluent mais les espèces. En effet, si l'on reprend l'exemple des herbivores qui courent pour échapper aux prédateurs, les individus ne voient pas leur vitesse de course s'améliorer graduellement à l'âge adulte. Ils courent simplement plus ou moins vite. C'est la proportion des très bons coureurs qui change entre les générations. Quand on regarde l'espèce dans son ensemble, on dit qu'elle court plus vite car on observe plus d'individus bons coureurs à la fin qu'au début de l'observation.

ADN et gènes : quelques bases

Tous les êtres vivants sont constitués de *cellules*, en plus ou moins grand nombre : une seule pour les bactéries, plusieurs millions de milliards pour les plantes et animaux dont nous sommes familiers. Toutes les cellules de tous les êtres vivants — à de rares exceptions près — contiennent de l'*ADN* (Acide DésoxyriboNucléique). Chaque molécule d'ADN est en fait une spirale formée par deux chaînes enroulées ensemble, chacune constituée de millions de maillons appelés *nucléotides*. Il existe quatre nucléotides différents dans l'ADN, symbolisés chacun par une lettre : A, T, G et C. Une molécule d'ADN est donc l'assemblage de deux très longues *séquences* faites de A, T, G et C.

Les molécules d'ADN, qui peuvent mesurer plusieurs centimètres de long, sont extrêmement condensées dans les cellules, formant des *chromosomes*. Selon les êtres vivants, le nombre de chromosomes varie : un seul par cellule pour les bactéries, 42 pour le blé, 36 pour la tomate, 78 pour le chien, 46 pour l'homme… Lorsque plusieurs chromosomes sont présents dans une cellule, ils sont tous différents. Par contre, chez les êtres vivants constitués de plusieurs cellules, toutes celles-ci contiennent les mêmes chromosomes (par exemple, le chromosome 1 de toutes les cellules d'un homme donné est identique). Du point de vue de l'ADN, toutes les cellules d'un individu sont donc identiques. Cela est dû au fait que chaque cellule nouvellement formée est issue d'une cellule préexistante, et que l'étape clé de cette « naissance » est de copier entièrement et fidèlement l'ADN de la cellule « mère » pour le placer dans la cellule « fille ».

Les chromosomes d'une cellule (donc son ADN) contiennent une quantité phénoménale d'informations : à la fois les « plans de construction » de l'individu et toute la machinerie moléculaire pour faire fonctionner l'ensemble. Cette information est décomposée en des milliers d'unités appelées *gènes*. Ces gènes sont arrangés sur les chromosomes, dans un ordre qui ne varie pas entre les cellules. Le mot « gène » désigne donc en fait deux choses : le petit morceau de séquence fait de A, T, G et C et l'information qui est codée par ce morceau de séquence.

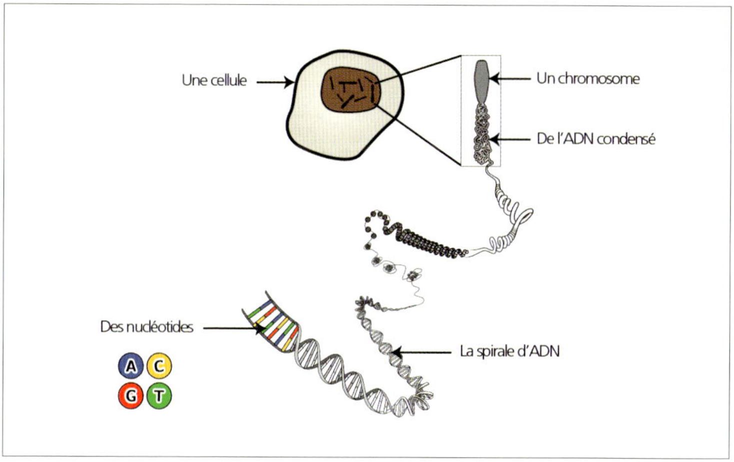

FIG. 10. Toute cellule contient un (ou plusieurs) chromosome(s), qui est (sont) en fait de l'ADN condensé. L'ADN est lui-même une spirale formée de deux longues chaînes dont chaque maillon est un nucléotide. Lorsque l'on étudie l'ADN, on travaille en fait sur une longue séquence de A, T, G et C.

La cause de la variation observable

La variation que l'on peut observer pour un caractère peut avoir deux origines : génétique (c'est-à-dire codée dans les gènes de l'individu) ou environnementale (c'est-à-dire dépendante du milieu dans lequel se trouve l'individu). Dans la nature, les deux facteurs jouent souvent en même temps : la couleur de la peau, par exemple, a une base génétique mais dépend aussi du bronzage, la taille a une origine génétique mais dépend aussi de l'alimentation pendant la période de croissance… **L'héritabilité d'un caractère est ainsi définie comme la proportion de la variation de ce caractère qui est d'origine génétique.** Un caractère non héritable est donc un caractère qui n'a pas d'origine génétique (sauf cas particuliers sur lesquels nous ne reviendrons pas). Comme il n'est pas transmis à la descendance, la sélection naturelle ne peut pas agir sur lui. De la même façon, la sélection naturelle ne peut agir que sur la part des variations qui est d'origine génétique. On ne s'intéressera donc maintenant plus qu'à la variation d'origine génétique.

L'apparition de nouveaux variants

Pour qu'il y ait évolution, il faut que de nouveaux variants apparaissent constamment. Pour qu'un nouveau variant survienne, il faut que la séquence d'ADN (la chaîne de nucléotides) soit modifiée et qu'ainsi les gènes qu'elle contient codent pour une nouvelle information. Une telle modification est appelée *mutation*. Elle peut être très ponctuelle — comme le remplacement d'un nucléotide par un autre — ou d'ampleur bien plus importante — comme le doublement d'un morceau entier de chromosome [*cf.* Fig. 11].
Les mutations se produisent toujours *aléatoirement* et sont toujours des *accidents*. Elles peuvent survenir lorsqu'une erreur est commise en recopiant l'ADN d'une cellule « mère » pour former une cellule « fille » ou sous l'effet de facteurs environnementaux comme les ondes radioactives qui peuvent endommager l'ADN. Toute modification de la séquence d'ADN pouvant avoir des conséquences désastreuses pour l'individu, il existe dans chaque cellule des mécanismes pour limiter les mutations ou les réparer. Cependant, il arrive qu'une mutation leur échappe et se maintienne. Elle entraîne alors l'apparition d'un nouveau variant. Il est très rare qu'un nouveau variant apporte un avantage à l'individu et se propage par sélection naturelle. En effet, la plupart des mutations sont nuisibles et sont donc éliminées par cette sélection. Néanmoins, comme des mutations se produisent à chaque génération, il apparaît régulièrement des variants avantageux.

La transmission des variants

Il existe dans le monde vivant deux modes de reproduction : la reproduction *asexuée* et la reproduction *sexuée*.
Chez les espèces qui se reproduisent de façon asexuée (classiquement les bactéries, mais pas seulement), **le descendant est un clone de son parent**, c'est-à-dire une copie à l'identique. Il contient donc de fait le même ADN. Si

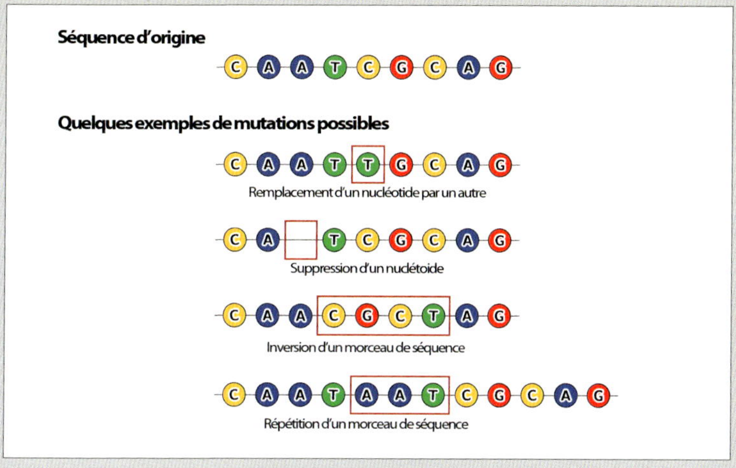

FIG. 11. Toute modification de la séquence d'ADN est une mutation. Son ampleur peut par contre grandement varier.

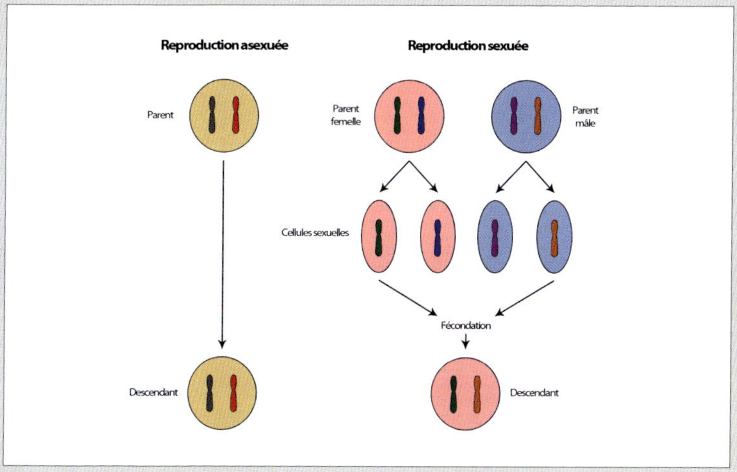

FIG. 12. Chez les espèces à reproduction asexuée les descendants sont des clones des parents. Chez les espèces à reproduction sexuée chaque descendant (ici une femelle) possède la moitié des chromosomes de son parent femelle et la moitié des chromosomes de son parent mâle. Ici un exemple avec une espèce à deux chromosomes.

une mutation survient chez un individu, il la transmet à tous ses descendants [*cf.* FIG. 12].

Chez les espèces qui se reproduisent de façon sexuée (la plupart des animaux, par exemple), **il existe deux types d'individus : des femelles et des mâles**. Chaque individu produit des *cellules sexuelles*, femelles chez les femelles et mâles chez les mâles. Pour qu'un descendant soit formé il faut qu'une cellule sexuelle femelle fusionne avec une cellule sexuelle mâle (c'est la *fécondation*). Les cellules sexuelles ont la particularité de ne contenir que *la moitié* des chromosomes de l'individu qui les crée (cette moitié est « choisie » aléatoirement, c'est-à-dire que chaque chromosome a une chance sur deux de se retrouver dans une cellule sexuelle en formation ; toutes les cellules sexuelles sont donc différentes). Lorsque les cellules sexuelles fusionnent, elles redonnent une nouvelle cellule contenant le nombre total de chromosomes de l'espèce, mais dont la moitié vient de la mère et l'autre du père. Cette cellule initiale se divise ensuite pour donner toutes les cellules du descendant. C'est ainsi que la moitié des gènes de chaque individu provient de sa mère et l'autre moitié de son père [*cf.* FIG. 12].

Pour qu'un variant se transmette d'un individu à son descendant, il faut que la (ou les) mutation(s) qui en est (sont) à l'origine soi(en)t présente(s) dans la cellule sexuelle qui donnera naissance au descendant. Les cellules sexuelles ne contenant que la moitié des chromosomes du parent, il y a une chance sur deux pour que cela arrive. De même, si une nouvelle mutation apparaît chez un individu, il faut qu'elle survienne dans une cellule sexuelle pour qu'elle soit transmise. Les cellules sexuelles ne représentant qu'une minuscule proportion de toutes les cellules d'un organisme, la plupart des nouvelles mutations ne sont pas transmises à la descendance.

La sélection naturelle vue sous l'angle des gènes

Lorsqu'une nouvelle mutation apparaît dans la séquence d'un gène, elle crée une nouvelle version de ce gène. Les différentes versions d'un même gène sont appelées *allèles*. Différents individus peuvent ainsi posséder des allèles différents pour un même gène, c'est-à-dire des versions différentes de ce gène. Par

exemple, le gène qui code pour le groupe sanguin existe en trois versions : les allèles A, B et O. C'est pour cela qu'il existe plusieurs groupes sanguins, c'est-à-dire plusieurs variants pour le caractère « groupe sanguin ».
On peut désormais voir la sélection naturelle sous l'angle de la génétique : on a dit jusque-là que par sélection naturelle les variants avantageux se propagent dans l'espèce ; on peut maintenant préciser que par sélection naturelle ce sont les allèles codant pour les variants avantageux qui se propagent dans l'espèce. Vu autrement, **un allèle est sélectionné (par la sélection naturelle) lorsqu'il permet à l'individu qui le porte de donner plus de descendants que les autres individus, c'est-à-dire que les autres allèles**.

Peut-on observer la sélection naturelle en action ?

La sélection naturelle est un processus lent (à notre échelle). De nombreuses générations sont nécessaires pour que l'adaptation d'une espèce soit visible. À l'échelle d'une vie humaine, il est donc impensable de constater des modifications majeures des espèces dont nous sommes familiers (animaux domestiques et plantes cultivées), qui ne se reproduisent en moyenne qu'une fois par an. Cependant, pour des espèces qui se reproduisent rapidement ou lorsque l'intensité de la sélection naturelle est très importante, on peut plus ou moins directement l'observer.

Des exemples « familiers » de sélection naturelle

Les insecticides sont employés depuis plus de 60 ans pour protéger les cultures. Or, en plus de leur impact néfaste sur l'environnement, on remarque qu'ils sont de moins en moins efficaces avec le temps. Autrement dit, malgré leur application, de plus en plus d'insectes survivent. Ce phénomène s'explique par la sélection naturelle. En effet, lors d'un épandage, si la quasi-totalité des insectes meurent, d'autres résistent. Ces derniers doivent sans doute avoir une capacité supérieure aux autres à tolérer les substances toxiques des insecticides. Tous les autres étant morts, seuls ces individus « résistants » se reproduisent.

La tolérance à l'insecticide étant héritable, leurs descendants la possèdent également, au moins en partie. C'est ainsi qu'à chaque épandage seuls les individus les plus résistants survivent, et que petit à petit il se trouve de plus en plus d'insectes résistants dans les cultures. Les insecticides perdent de leur efficacité car les espèces d'insectes visées s'adaptent à leur résister.

FIG. 13. L'épandage d'insecticides a causé sa propre inefficacité en sélectionnant des insectes toujours plus résistants (photo : © Santiago Nicolau).

Plus proche de nous encore, il y a le cas des maladies virales. La grippe saisonnière par exemple, celle qui sévit chaque hiver [*cf.* FIG. 14]. Il existe un vaccin, mais celui-ci doit être modifié chaque année. On entend souvent que c'est parce que « le virus mute ». Qu'est-ce que cela veut dire ? En fait, chez le virus de la grippe comme chez beaucoup d'autres virus les mutations sont très fréquentes, en particulier parce que les virus se reproduisent très rapidement (ce qui multiplie les opportunités d'une erreur de copie dans leur ADN). Cela implique que parmi toutes les mutations qui surviennent en un an, une mutation favorable pour le virus (qui le ferait résister au vaccin) a de bonnes chances de se produire. Comme pour les insecticides, une campagne de vaccination élimine les individus non résistants et laisse subsister les résistants, qui deviennent de plus en plus nombreux. Pour contrer cette très bonne capacité d'adaptation, il est nécessaire de modifier souvent le vaccin afin que le virus n'ait pas le temps de s'adapter. C'est l'une des difficultés essentielles qui freine la découverte d'un vaccin efficace contre le virus du SIDA, chez qui les mutations sont particulièrement fréquentes et qui donc s'adapte extrêmement rapidement.

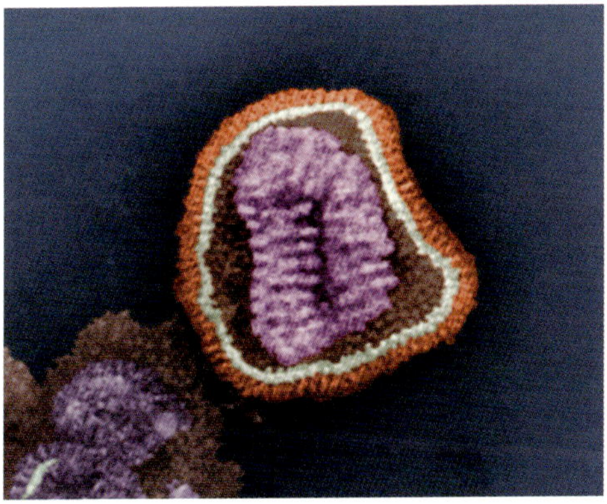

FIG. 14. Virus de la grippe vu au microscope (couleurs artificielles).

Tout le monde a en tête que « les antibiotiques, c'est pas automatique ». Le risque à les utiliser trop souvent est en fait de les rendre inefficaces. C'est l'un des problèmes majeurs de santé publique, en particulier dans les hôpitaux où les patients fragiles peuvent déclarer une maladie nosocomiale malgré un traitement préventif aux antibiotiques. En fait cette diminution d'efficacité est basée sur le même principe que la résistance aux insecticides : les bactéries visées par les antibiotiques s'adaptent par augmentation du nombre d'individus résistants. Comme ces individus se reproduisent mieux que les autres, et que par leur mode de reproduction asexué ils transmettent la résistance à tous leurs descendants, la résistance se propage rapidement.

Quand l'homme copie la sélection naturelle

Sans le savoir, l'homme a depuis des milliers d'années mimé la sélection naturelle. En effet, comment les éleveurs, les cultivateurs et les horticulteurs ont-ils créé toutes les races d'animaux domestiques, de plantes cultivées et de plantes ornementales ? Ils ont choisi une espèce dans la nature, puis à chaque génération ont sélectionné les individus qui présentaient le plus d'intérêt pour eux, et n'ont fait se reproduire que ces individus. Ce pouvait être les animaux qui possédaient plus de muscle (donc de viande) que les autres, les plantes qui produisaient plus de graines que les autres ou encore les fleurs qui étaient d'un rouge plus éclatant que les autres. Ces éleveurs, cultivateurs et horticulteurs ont ainsi artificiellement favorisé les variants qui les intéressaient, qui après de nombreuses générations de sélection ont donné naissance à de véritables races ou variétés. Au sein de ces races ou variétés, tous les individus possèdent désormais le variant qui a été sélectionné au départ.

Ce processus, appelé *sélection artificielle*, reprend exactement le même principe que la sélection naturelle. La seule différence est que ce n'est pas ici le milieu qui sélectionne les variants les plus avantageux mais l'homme qui sélectionne les variants qui l'intéressent le plus.

Fig. 15. Le cochon domestique est issu directement du sanglier, par sélection artificielle.

La sélection naturelle, une simple loi du plus fort ?

Un raccourci problématique

La sélection naturelle est souvent présentée, volontairement ou pas, comme la « loi du plus fort ». Au mieux ce raccourci démontre une incompréhension de ce qu'est vraiment la sélection naturelle, au pire elle traduit une mauvaise foi destinée à « prouver » le caractère immoral de la théorie de l'évolution. Laissons de côté ce dernier point qui sort complètement du cadre de la science, car celle-ci n'est ni morale ni immorale ; la science décrypte les phénomènes naturels, il n'y est question ni de bien ni de mal.

Si l'on voulait vraiment faire un raccourci, on pourrait au mieux dire que la sélection naturelle est la « loi du plus apte ». La différence entre le plus « apte » et le plus « fort » est très importante. Peu importe en effet d'être physiquement le plus fort ou le plus grand, **l'essentiel est d'être le mieux adapté à son milieu**. La sélection naturelle favorise tous les variants qui procurent un avantage dans un milieu donné, y compris face aux individus des autres espèces et de sa propre espèce. Parmi toutes les stratégies possibles pour être le mieux adapté, être le plus fort en est une, mais seulement une parmi bien d'autres.

Être le mieux adapté : une question de stratégie

Écraser les autres

Se faire sa place aux dépens des autres individus est une stratégie qui a été sélectionnée chez de nombreuses espèces. Chez les animaux, cela se manifeste le plus souvent par des combats, notamment pour l'accès à la nourriture ou la protection d'un territoire (ce qui revient souvent à la même chose).

FIG. 16. Les combats pour l'accès à la nourriture sont très fréquents, entre individus d'espèces différentes mais aussi entre individus d'une même espèce.

Chez les végétaux, organismes apparemment inoffensifs en comparaison avec la violence dont peuvent faire preuve les animaux, la compétition n'en est pas moins féroce (en particulier pour l'accès à la lumière et à l'eau). Elle l'est en fait d'autant plus que les algues, herbes, plantes et autres arbres ne peuvent pas se déplacer pour trouver un endroit plus favorable à leur développement ! Les armes développées par les végétaux sont par contre très différentes de celles des animaux : elles sont chimiques. Toute une diversité de substances plus ou moins toxiques est ainsi produite et libérée dans l'environnement, afin d'empêcher la germination ou le développement des végétaux alentour [*cf.* FIG. 17].
La situation est semblable chez les micro-organismes, qui luttent également à l'aide de substances toxiques. De nombreux champignons sécrètent ainsi des antibiotiques à destination des bactéries environnantes, dont la célèbre pénicilline (qui fut découverte précisément chez un champignon).

Fig. 17. Les « fentes de timidité » sont une illustration particulièrement visible du blocage du développement des autres arbres par la production de substances volatiles inhibitrices. Tous les arbres se neutralisent ainsi, laissant ouvert un espace de quelques dizaines de centimètres entre leurs branches.

Fig. 18. Oisillon coucou gris alimenté par un adulte fauvette des marais (photo : © Per Harald Olsen, avec la permission de l'auteur).

Profiter des autres

Lutter directement contre les autres individus est certes efficace, mais implique une dépense d'énergie qui peut être considérable. Une autre stratégie, tout aussi avantageuse, est de profiter du travail accompli par les autres... sans faire d'effort soi-même !

Les animaux charognards exploitent pleinement cette stratégie. Pas de temps perdu à chasser leurs proies, ils viennent se nourrir des restes laissés par les prédateurs. Plus subtilement et en particulier chez les oiseaux, certaines espèces pratiquent ce que l'on appelle « le parasitisme de couvée ». Les femelles de ces espèces, parfois aidées des mâles qui font diversion, pondent leurs œufs dans le nid d'oiseaux d'autres espèces, et ce sont les parents de ce nid qui élèvent la descendance. Pour l'oiseau parasite, l'énergie peut donc être investie dans la production d'un grand nombre d'œufs puisqu'elle n'est pas dépensée à alimenter les petits. L'exemple le plus remarquable est celui des coucous européens. Ils sont en général spécialisés sur les nids de quelques espèces et pondent des œufs qui dans certains cas ressemblent énormément à ceux qu'ils remplacent. Leurs oisillons se développent rapidement, de sorte qu'à l'éclosion ils chassent les autres œufs du nid afin d'être les seuls à profiter de la nourriture rapportée par les parents « arnaqués » [*cf.* Fig. 18]. Chez certaines espèces, les oisillons coucous imitent même les cris des oisillons du nid où ils ont éclos. Le plus étonnant est que même lorsque les oisillons coucous grandissent et qu'ils deviennent en général bien plus gros que leurs « parents adoptifs », ceux-ci continuent à les alimenter. Tout se joue en fait lorsque l'œuf coucou est pondu : si la supercherie est bien réalisée et que les « parents adoptifs » ne se rendent compte de rien en rentrant au nid, ils élèveront l'intrus comme leur propre petit.
Le *parasitisme* est, plus généralement, une stratégie très utilisée dans le monde vivant, aussi bien chez les animaux, les végétaux et les micro-organismes. On considère en effet qu'environ la moitié des espèces sont des parasites ! Ce mode de vie particulier requiert des adaptations spécifiques (l'association entre un parasite et un hôte est souvent très étroite), ce qui fait que beaucoup de parasites ne sont absolument pas aptes à survivre sans leur hôte.

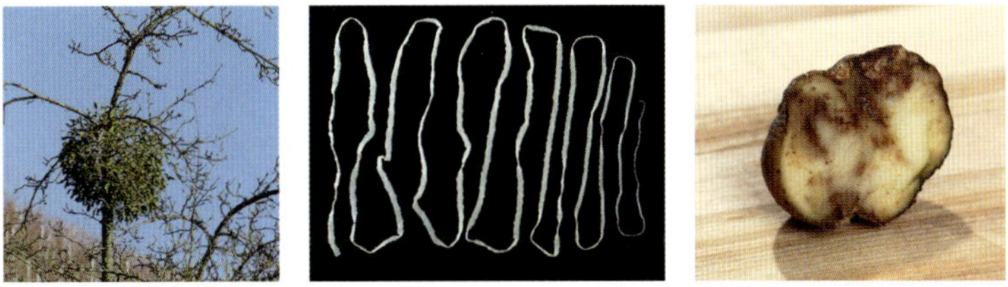

FIG. 19. Le gui, le ténia et le mildiou sont respectivement une plante, un animal et un micro-organisme (proche des champignons) parasites d'arbres, d'animaux et de plantes.

Coopérer avec les autres

Plutôt que de jouer chacun pour soi, il peut au contraire être très avantageux de coopérer. Autrement dit, partager l'effort et s'appuyer sur le « savoir-faire » d'autres espèces. On appelle cette stratégie le *mutualisme*. Pour qu'elle soit sélectionnée, il faut bien sûr que chacun y trouve son compte. Perdre de l'énergie gratuitement ne peut pas passer le filtre de la sélection naturelle.

Les exemples de mutualisme sont très nombreux, partout autour de nous et entre tous types d'organismes vivants. L'un des plus importants est certainement la pollinisation, qui lie des végétaux — les plantes à fleurs — et des animaux — le plus souvent des insectes. Les plantes y trouvent un intérêt car les insectes disséminent leur pollen (qui contient les cellules sexuelles mâles) et favorisent ainsi la reproduction avec d'autres plantes ; les insectes y trouvent également leur compte puisqu'ils se nourrissent du nectar produit dans les fleurs.

Plus étonnant et pourtant aussi proche de nous, plusieurs espèces de fourmis coopèrent avec des pucerons, dont elles assurent en quelque sorte l'élevage ! Les fourmis protègent les pucerons des prédateurs et en échange bénéficient du miellat, une substance très riche en sucre (et donc en énergie) produite par les pucerons. Toujours chez les animaux, nous sommes nous-mêmes en interaction mutualiste avec de très nombreuses bactéries. Notre tube digestif en contient en effet des milliards, qui assurent une grande partie de notre digestion. En contrepartie, nous leur offrons « le gîte et le couvert ».

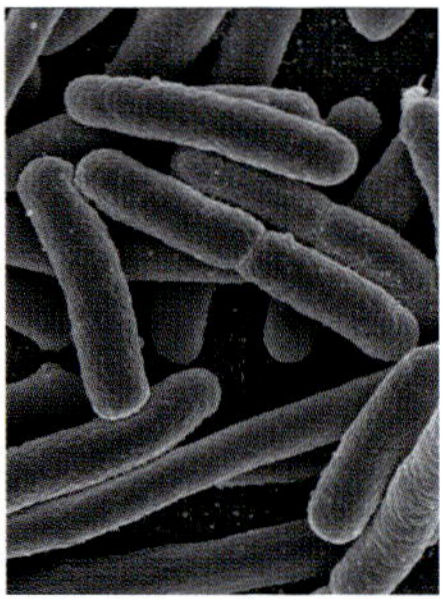

FIG. 20. Trois exemples de mutualisme, impliquant tous types d'organismes vivants : une plante à fleurs et un insecte, une fourmi et un puceron (photo : © Claude Lebas, avec la permission de l'auteur), des bactéries et nous-mêmes.

FIG. 21. Les lichens sont en fait des associations symbiotiques entre un champignon et une algue microscopique. Le champignon est incapable de vivre seul.

Le mutualisme entre deux espèces peut être si poussé que celles-ci ne peuvent plus vivre séparément. On parle alors de *symbiose*. Les lichens en sont un exemple courant. Contrairement à ce que l'on pourrait penser, ces « organismes » ne sont en effet pas des végétaux, mais l'« assemblage » d'un champignon et d'une algue microscopique (ou d'une bactérie) [*cf.* FIG. 21]. Plus exotique, les coraux sont en fait issus de la symbiose entre un animal (du groupe des méduses) et une algue microscopique.

La coopération existe également entre individus d'une même espèce. Un bel exemple est l'entraide entre mâles et femelles pour s'occuper de leurs petits, fréquente chez les oiseaux et dans une moindre mesure chez les mammifères. Cette situation nous semble familière, mais elle est loin d'être universelle. Chez la grande majorité des espèces en effet, les descendants sont laissés à eux-mêmes et se développent seuls. La coopération au sein d'une même espèce peut même aller encore beaucoup plus loin…

La coopération poussée à son extrême : l'altruisme

Une situation incompréhensible à première vue

L'*altruisme*, dans le sens commun du terme, c'est aider autrui sans en attendre en retour autre chose que la satisfaction d'avoir bien agi. En biologie, la définition de l'altruisme est quelque peu différente : **un acte est dit altruiste s'il diminue le nombre potentiel de descendants que peut produire l'individu altruiste et augmente ce nombre chez le bénéficiaire de l'acte altruiste**. Autrement dit, être altruiste a un coût et procure un bénéfice à autrui. Charles Darwin avait vu immédiatement à quel point l'existence de l'altruisme représentait une menace pour sa théorie de la sélection naturelle. En effet, si la sélection naturelle favorise les individus qui produisent le plus de descendants possibles, l'altruisme ne devrait pas avoir pu être sélectionné !

Les cas les plus spectaculaires d'altruisme ne se rencontrent pas chez les primates — comme on aurait pu le penser *a priori*, ni chez les mammifères ni même chez les vertébrés, mais chez les… insectes. Dans une fourmilière (ou une ruche), seule la reine se reproduit alors qu'elle et sa descendance sont nourries et défendues par les ouvrières qui, elles, ne se reproduisent jamais. Pourtant, ces ouvrières sont des femelles et possèdent tous les organes pour se reproduire. Cette situation semble en violation totale avec la théorie de la sélection naturelle, car ces milliers d'ouvrières n'ont aucune descendance. Comment un comportement altruiste aussi extrême est-il possible s'il y a réellement une sélection naturelle favorisant ceux qui se reproduisent le plus ?

Une explication finalement logique : la parenté

Darwin ne pouvait pas comprendre l'origine de l'altruisme car il lui manquait à l'époque un élément essentiel : la génétique. Le mystère n'a en fait été levé que dans les années 1960 par un anglais, William Hamilton, qui a fait remarquer que **l'altruisme s'exprime d'autant plus que les individus sont apparentés**. Ce détail apparemment anodin est en réalité fondamental. Pour le comprendre, il faut commencer par définir ce que l'on appelle le *coefficient de parenté* entre deux individus. Retour sur la transmission des chromosomes entre les parents et leurs descendants :

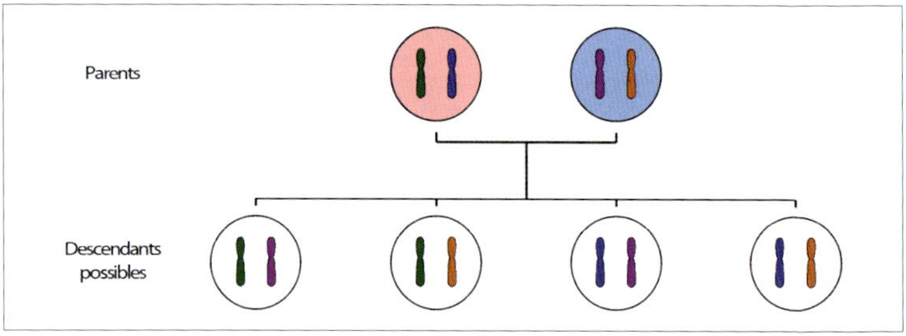

FIG. 22. Un mâle et une femelle à chacun deux chromosomes peuvent donner quatre types de descendants selon la moitié qu'ils ont transmise. Ces descendants peuvent être des fils ou des filles, cela ne change rien pour le calcul du coefficient de parenté.

Le coefficient de parenté qui lie deux individus est la probabilité de retrouver le même chromosome chez ces deux individus, du fait qu'ils l'aient hérité d'un ancêtre commun. Dans un tel système de reproduction où chaque parent transmet la moitié de ses chromosomes à ses descendants, le lien qui unit mère et enfant (et vice-versa) est le même que celui qui unit père et enfant (et vice-versa) : il vaut 0,5 (soit 50 %). Tout chromosome pris chez le descendant a en effet 50 % de chances de provenir de sa mère, 50 % de son père. Inversement, la mère a transmis la moitié de ses chromosomes à son descendant, donc ils ont nécessairement 50 % de leurs chromosomes en commun (idem pour le père). Le calcul du coefficient de parenté entre frères et sœurs est un peu plus subtil. Pour moitié les chromosomes proviennent de la mère, et parmi ceux-ci il y a une chance sur deux pour que le même ait été transmis entre un frère et sa sœur. Pour l'autre moitié, apportée par le père, c'est la même chose. Le coefficient de parenté qui lie les deux frère et sœur est calculé de la façon suivante : 0,5 (part des chromosomes héritée de la mère) x 0,5 (probabilité qu'un même chromosome de la mère soit transmis aux deux enfants) + 0,5 (part des chromosomes héritée du père) x 0,5 (probabilité qu'un même chromosome du père soit transmis aux deux enfants) = 0,25 + 0,25 = 0,5. Dans un tel système, les frères et sœurs sont ainsi génétiquement aussi proches qu'ils le sont de leurs parents (tous les coefficients de parenté valent 0,5).

Chez les fourmis (comme chez les abeilles et les guêpes), le système de reproduction est différent. En effet, si les filles (y compris les ouvrières) sont issues de la reproduction classique entre une femelle et un mâle, les fils proviennent d'œufs *non fécondés* par un mâle. Ces fils possèdent donc *moitié moins* de chromosomes que les filles, car si le nombre transmis par la mère est le même, rien ne provient du père chez eux.

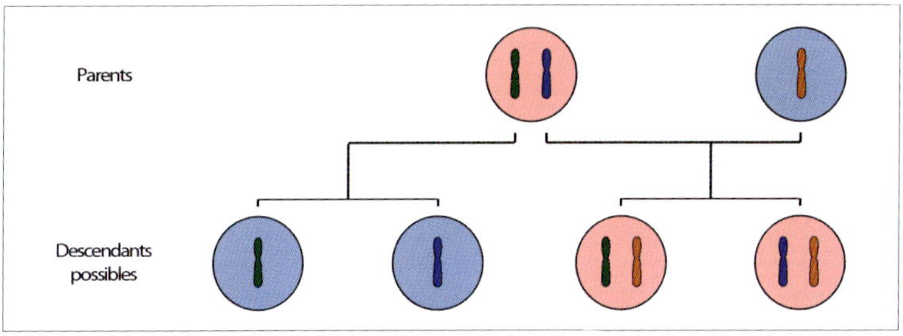

FIG. 23. Système de reproduction chez les fourmis (simplifié à deux chromosomes chez les femelles, donc un chez les mâles). Toutes les filles sont issues de la reproduction entre une femelle et un mâle, tandis que tous les fils le sont, eux, uniquement des femelles, sans intervention de mâles.

Cette situation complexe a pour conséquence que les coefficients de parenté sont très différents du système classique. Faisons le calcul : il y a 50 % de chances pour qu'un chromosome de la mère se retrouve chez son fils, leur coefficient de parenté est donc de 0,5. Il en est de même entre une mère et sa fille. Jusque-là rien de nouveau, c'est entre frères et sœurs que tout change.

En effet, le fait que les mâles (donc les pères) ne possèdent qu'une moitié des chromosomes change tout car ils vont systématiquement transmettre ces mêmes chromosomes à toutes leurs filles. Le coefficient de parenté qui lie deux sœurs est donc, selon la formule vue précédemment : 0,5 (part des chromosomes héritée de la mère) x 0,5 (probabilité qu'un même chromosome de la mère soit transmis aux deux enfants) + 0,5 (part des chromosomes héritée du père) x 1 (probabilité qu'un même chromosome du père soit transmis aux deux enfants) = 0,25 + 0, 5 = 0,75. Entre une sœur et un frère, il vaut : 0,5 (part des chromosomes héritée de la mère) x 0,5 (probabilité qu'un même chromosome de la mère soit transmis aux deux enfants) + 0,5 (part des chromosomes héritée du père) x 0 (probabilité qu'un même chromosome du père soit transmis aux deux enfants) = 0,25 + 0 = 0,25.

Les femelles sont donc plus proches génétiquement de leurs sœurs (0,75) que de leurs filles ou leurs fils (0,5), et encore plus de leurs frères (0,25). Or dans une fourmilière toutes les ouvrières sont sœurs et ont pour mère la reine. Cela veut dire qu'en aidant au développement de leurs sœurs, elles favorisent mieux la transmission des gènes qu'elles possèdent que si elles faisaient des enfants, puisqu'elles partagent plus de gènes en commun avec ces sœurs qu'avec d'hypothétiques descendants.

Cette conclusion apparemment étrange devient logique lorsque l'on accepte la proposition d'Hamilton — maintes fois éprouvée depuis : **ce qui est sélectionné par la sélection naturelle, ce ne sont pas les individus mais les gènes**. Même si bien sûr l'entité physique qui survit et se reproduit est l'individu, ce sont en fait à travers lui ses gènes qui subissent la sélection naturelle. Chacun de ces gènes est ainsi sélectionné pour transmettre le plus de copies possible de lui-même. Plus deux individus sont apparentés et plus ils ont de chances de posséder des gènes en commun, donc plus la stratégie la plus intéressante pour les gènes est de favoriser l'altruisme, c'est-à-dire la reproduction de copies d'eux-mêmes à travers les individus apparentés.

L'évolution est-elle terminée ?

Par la sélection naturelle, les espèces s'adaptent à leur milieu. Une question que l'on peut légitimement se poser est alors : ce processus d'adaptation a-t-il une fin ? Autrement dit, les espèces sont-elles aujourd'hui parfaitement adaptées à leur environnement ?

La nécessité de s'adapter en permanence

Des interactions dans tous les sens

Pour expliquer le principe de la sélection naturelle, on se focalise généralement sur une espèce qui s'adapte à son milieu. Cette simplification est nécessaire pour comprendre le mécanisme de la sélection, mais elle nous fait oublier une chose importante : dans ce même milieu coexistent des dizaines voire des centaines d'autres espèces ! Les interactions entre les différents organismes (végétaux, animaux et micro-organismes) sont donc nombreuses, à la fois directes et indirectes.

Prenons un exemple extrêmement simplifié pour illustrer cela : considérons une plante, deux herbivores qui se nourrissent de cette plante et deux carnivores qui chacun ne se nourrit que de l'un des deux herbivores. Nous avons ainsi constitué un *réseau trophique*, c'est-à-dire un réseau de chaînes alimentaires (en somme, un réseau de « qui est mangé par qui ? »).

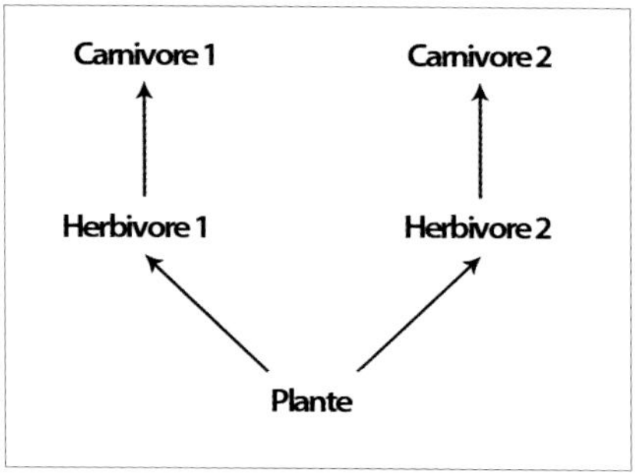

FIG. 24. Réseau trophique simplifié. Les flèches vont du « mangé » vers le « mangeur ».

Les interactions qui peuvent entraîner l'adaptation sont nombreuses dans ce système pourtant simple. Par exemple, la sélection naturelle favorise les variants de la plante qui sont moins consommés par les herbivores (parce qu'ils possèdent des épines, contiennent des substances toxiques...). La plante s'adapte donc à l'herbivorie. Dans l'autre sens, les herbivores s'adaptent également à la plante en contournant les défenses qu'elle a mises en place (par exemple en tolérant les substances toxiques ou en améliorant leur processus de digestion pour en tirer plus d'énergie). Les herbivores interagissent aussi entre eux, car ils sont en compétition pour l'accès à leur nourriture. Ils s'adaptent donc chacun pour être le meilleur compétiteur. Lorsque l'on considère les carnivores, de nouvelles interactions entrent en jeu : chaque carnivore interagit directement avec sa proie, lui pour en capturer le plus possible et elle pour éviter au maximum la prédation. De façon plus subtile, comme les deux herbivores sont en compétition pour l'accès à la plante, si l'un prend le dessus il diminue la quantité de nourriture disponible pour l'autre; ainsi moins de proies sont disponibles pour le carnivore qui se nourrit de l'herbivore moins bon compétiteur; ce carnivore doit donc s'adapter à dénicher des proies plus rares. Dans le sens inverse, si un carnivore est bien adapté à capturer de nombreuses proies, il favorise l'herbivore qu'il ne consomme pas dans sa compétition pour l'accès à la plante car il diminue le nombre de compétiteurs. Chaque carnivore interagit ainsi indirectement avec l'herbivore qu'il ne consomme pas, et vice-versa. Même la plante interagit indirectement avec les carnivores, car si les défenses qu'elle met en place contre les herbivores sont efficaces, moins d'herbivores peuvent se nourrir et donc moins de proies sont disponibles pour les carnivores. Inversement, si les carnivores sont bien adaptés à la capture de leurs proies ils favorisent l'expansion de la plante. Finalement, **même dans un système très simple comme celui-ci** (cinq espèces seulement) **les interactions sont nombreuses, et il y a toujours plusieurs raisons qui poussent les organismes à s'adapter**.

Courir pour rester sur place

Notre réseau trophique est peu réaliste et pourtant son évolution est déjà complexe. Or nous n'avons pas pris en compte beaucoup d'autres paramètres qui interviennent en conditions naturelles : climat, compétition entre les plantes pour l'accès à la lumière ou à l'eau, parasites, maladies, compétition directe entre les carnivores, présence de carnivores qui se nourrissent eux-mêmes de carnivores… Dès lors, il n'est pas difficile de s'imaginer qu'en situation naturelle chaque espèce est engagée dans de très nombreuses interactions. Dès qu'une espèce s'adapte, elle oblige ainsi toutes celles avec qui elle est en interaction à s'adapter, qui elles-mêmes obligent par conséquent celles avec lesquelles elles sont en interaction à s'adapter… Le système est ainsi *dynamique*, c'est-à-dire que **les espèces sont toujours en train de s'adapter pour répondre à l'adaptation des espèces qui les entourent**.

Fig. 25. Alice et la Reine rouge.

L'adaptation est donc un processus sans fin, car comme le milieu change en permanence il y a toujours nécessité de s'adapter. Une espèce qui ne s'adapte pas assez vite (par exemple car aucun variant avantageux n'apparaît par mutation) est condamnée à l'extinction. Ce phénomène est appelé « la Reine rouge », reprenant l'image de cette reine qui, dans le roman de Lewis Caroll *Alice au pays des merveilles*, explique à Alice que dans son monde elle doit toujours courir le plus vite possible pour simplement rester sur place.

La sélection sexuelle ou comment des variants désavantageux pour la survie peuvent être sélectionnés

Un constat surprenant

La sélection naturelle favorise les individus qui ont une meilleure survie et qui se reproduisent le plus (c'est-à-dire ceux qui ont la meilleure *fécondité*). Elle mène ainsi à l'adaptation des espèces, et l'on peut légitimement penser qu'après un certain temps cette adaptation doit atteindre la perfection. **N'est-il pas alors surprenant d'observer des oiseaux aux couleurs très vives, des cigales qui chantent ou encore des paons avec une queue immense ?** Ces couleurs qui sautent aux yeux, ces chants ou ces plumes démesurées sont autant de risques de se faire repérer par les prédateurs [*cf.* Fig. 26]. Dans la lutte constante pour ne pas se faire dévorer, ils semblent même une pure provocation ! La sélection naturelle ne devrait pas pouvoir favoriser ces caractères, car ils sont un *handicap* à la survie. Pourquoi alors se maintiennent-ils ?

La sélection sexuelle

C'est encore une fois Charles Darwin qui a trouvé l'explication à ce curieux phénomène. En fait, il ne peut se produire que chez les animaux, et uniquement chez les espèces qui se reproduisent de façon sexuée (avec des mâles et des femelles). L'idée proposée par Darwin est qu'en dehors de la survie et de la fécondité, il existe un autre paramètre sur lequel peut s'exercer une sélection entre les individus : *l'accès aux partenaires du sexe opposé*. Faire la différence entre l'accès aux partenaires sexuels et la fécondité n'est pas forcément évident

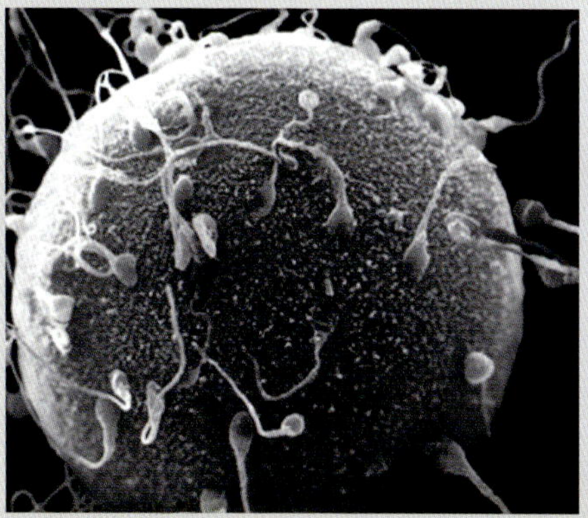

Fig. 26. La queue du paon est certes majestueuse, mais elle est aussi un handicap considérable pour la survie.

Fig. 27. Chez le paon bleu comme chez beaucoup d'espèces, seul le mâle (à gauche) arbore des couleurs vives et possède une longue queue. La femelle (à droite) est de couleur bien plus neutre.

Fig. 28. Un ovocyte entouré de dizaines de spermatozoïdes. Le nombre et la taille des cellules sexuelles mâles et femelles sont considérablement différents.

au premier abord, cependant cette différence est simple : la sélection naturelle favorise les individus qui sont capables d'engendrer plus de descendants que les autres (autrement dit ceux qui sont les plus féconds), tandis que **la sélection dite sexuelle favorise les individus qui sont capables de s'accoupler plus souvent que les autres**. La sélection sexuelle agit donc avant la sélection naturelle au moment de la reproduction, car être fécond est une bonne chose mais encore faut-il avoir accès à un partenaire sexuel pour que cette fécondité s'exprime !

La sélection sexuelle ne s'exerce pas sur tous les individus. En effet, si l'on y regarde de plus près, ce sont le plus souvent les oiseaux mâles qui arborent des couleurs vives, comme ce sont uniquement les cigales mâles qui chantent ou uniquement les paons mâles qui possèdent une immense queue [*cf.* Fig. 27].

Une histoire de cellules sexuelles

Pour trouver l'explication à cela, il faut revenir au niveau des cellules sexuelles, qui sont fondamentalement différentes entre les femelles et les mâles : les femelles produisent de grosses cellules sexuelles — les ovocytes — mais en quantité très limitée ; les mâles eux produisent de petites cellules sexuelles — les spermatozoïdes — mais en quantité quasi infinie [*cf.* Fig. 28]. Cette différence a une conséquence très importante : les mâles peuvent se reproduire « à tout-va » car, contrairement aux femelles, ils ne seront quasiment jamais limités par leur nombre de spermatozoïdes. Ces femelles ont donc tout intérêt à *choisir* le meilleur des mâles disponibles pour s'accoupler. Et **dès lors que les femelles choisissent leur partenaire, il s'installe une compétition entre les mâles pour l'accès aux femelles**.

Armements ou ornements, chacun sa stratégie

Les mâles ont deux solutions pour remporter cette compétition : soit ils s'affrontent et le vainqueur du combat gagne le droit de s'accoupler avec la femelle, soit ils « font du charme » à celle-ci et c'est elle qui choisit son vainqueur sans nécessité d'affrontement. C'est ainsi qu'**ont évolué chez les**

mâles de nombreux caractères sexuels dits secondaires qui ne sont pas directement liés à la reproduction mais qui la favorisent. Certains de ces caractères secondaires ont évolué plutôt comme des armements (dans les espèces où il y a combat entre les mâles), d'autres plutôt comme des ornements (dans les espèces où les femelles choisissent directement leur partenaire sexuel).

Fig. 29. Les bois des cerfs, l'ergot (la griffe à l'arrière de la patte) des coqs et les mandibules immenses des lucanes mâles sont des armements liés à la compétition pour l'accès aux femelles (photo du coq : © Élèves de Cours Préparatoire de la Jarne – 17, avec la permission des auteurs).

Fig. 30. La couleur vert métallisé de la tête des canards colverts mâles, la crinière des lions et la queue très longue des euplectes mâles sont des ornements liés à la compétition pour l'accès aux femelles.

Il n'y a cependant pas que le physique qui compte pour attirer les femelles. C'est ainsi qu'ont évolué les chants ainsi que les parades et autres danses nuptiales, fréquentes chez les oiseaux, les scorpions, les lézards... Chez certaines espèces, le mâle apporte même un cadeau à la femelle qu'il courtise ! C'est le cas de certaines espèces d'araignées par exemple, chez qui le mâle offre un insecte enroulé dans de la toile avant de pouvoir s'accoupler (ce qui lui sert à « charmer » la femelle, mais aussi à lui éviter de se faire dévorer après l'accouplement).

Une petite préférence qui s'emballe

Comment ces caractères sexuels parfois extravagants peuvent-ils se mettre en place ? Au commencement, tout part des femelles. Imaginons qu'apparaisse chez une femelle oiseau un variant comportemental qui fait qu'elle choisit préférentiellement des mâles avec une longue queue. S'il se trouve que ces mâles ont une meilleure survie ou une meilleure fécondité, ce variant est avantageux (le lien entre taille de la queue et survie peut sembler absurde, mais il existe des hypothèses liées au système immunitaire qui lient ces deux caractères). Selon le même principe que dans la sélection naturelle — et en partie par sélection naturelle — ce variant comportemental se propage donc dans la population. Cela a pour conséquence que de plus en plus de mâles possèdent une longue queue et que de plus en plus de femelles préfèrent les mâles à longue queue. Mais si les mâles à longue queue sont nombreux, la compétition entre eux pour l'accès aux femelles est toujours importante. Ce sont donc ceux qui ont une queue encore un peu plus longue que les autres qui sont avantagés. On assiste ainsi à une sorte de « fuite en avant », où le caractère à la base du choix des femelles se retrouve de plus en plus accentué chez les mâles. C'est ce qui s'est passé chez le paon commun (le paon bleu), cet oiseau qui mesure 85 à 110 cm de long mais dont les mâles possèdent une queue d'environ 2 m !

Au bout d'un moment, il se peut que le caractère sélectionné soit tellement exagéré qu'il en devienne gênant pour la survie. C'est à partir de ce stade que les directions de la sélection naturelle et de la sélection sexuelle divergent. En effet, tant qu'il n'y a aucun handicap à la survie les deux types de sélection vont dans le même sens : elles poussent à l'accentuation du caractère en question puisqu'il favorise l'accès aux femelles et donc augmente le nombre de descendants obtenus. Mais dès que ce caractère devient handicapant pour la survie (par exemple parce qu'il rend les individus très visibles et donc facilement repérables par les prédateurs, ou qu'il ralentit leurs déplacements et donc la fuite), il n'est plus favorisé par la sélection naturelle. Seule la sélection sexuelle tend encore à l'exagérer. Ce qui se passe ensuite dépend de l'intensité du handicap que procure le caractère : tant que ce handicap est moins important que le succès obtenu auprès des femelles, la sélection sexuelle favorise l'exagération

du caractère. Par contre s'il devient trop handicapant, son exagération est stoppée par la sélection naturelle.
Finalement, **la sélection sexuelle est l'une des raisons majeures** (mais il y en a d'autres) **qui fait que les espèces ne sont pas parfaitement adaptées à leur milieu**. L'adaptation est un compromis, et tant que l'intensité de la sélection sexuelle est supérieure à celle de la sélection naturelle, des variants désavantageux pour la survie peuvent être sélectionnés.

Même sans sélection les espèces évoluent : la dérive génétique

Et s'il n'y a ni avantage ni désavantage ?

La sélection naturelle est un processus basé sur les différences entre les avantages procurés par les variants d'un même caractère. Son principe est que le variant le plus avantageux est sélectionné, au détriment des autres. Mais si plusieurs variants existent et qu'aucun n'est ni plus avantageux ni plus désavantageux que les autres, que se passe-t-il ? On dit dans ce cas que les variants sont *sélectivement neutres*, car la sélection naturelle ne peut pas agir sur eux et donc sur le caractère dont ils constituent la variation. Par sélection naturelle, ce caractère n'évolue donc pas. Mais c'est alors qu'un autre mécanisme évolutif prend toute son importance. Pour le comprendre, il faut revenir à un peu de génétique.

Les deux font la paire

Nous avons déjà vu que chez les espèces qui se reproduisent de façon sexuée, la moitié des chromosomes de chaque individu provient de sa mère, et l'autre moitié de son père. Ce qu'il faut préciser, c'est qu'au sein de chaque cellule ces chromosomes sont associés par *paires*. Chez l'homme par exemple, le nombre total de chromosomes par cellule est de 46. Ces 46 chromosomes sont réunis en 23 paires. Il y a donc deux chromosomes 1, deux chromosomes 2… jusqu'à la paire 23 [*cf.* Fig. 31].

Au sein d'une paire, un chromosome provient de la mère et l'autre du père. Ces deux chromosomes ont la même structure, c'est-à-dire que les mêmes gènes sont positionnés au même endroit. Par contre, si certains gènes existent en plusieurs versions (les allèles), les deux chromosomes ne portent pas forcément les mêmes. Cela veut dire qu'**un individu peut porter deux versions différentes d'un même gène** [*cf.* FIG. 32].

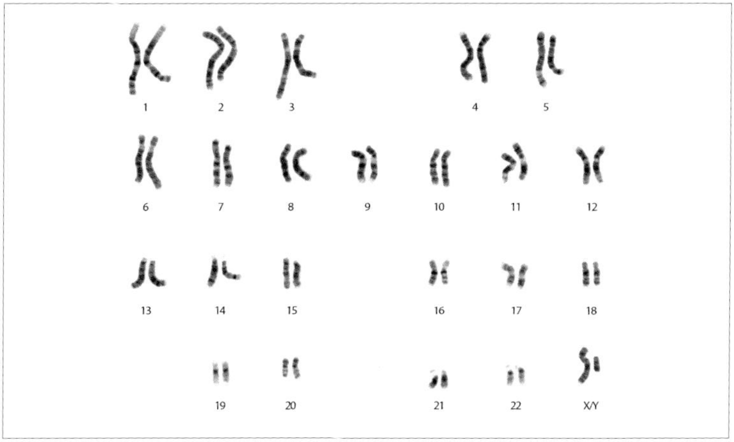

FIG. 31. Les 46 chromosomes des cellules humaines sont organisés en 23 paires.

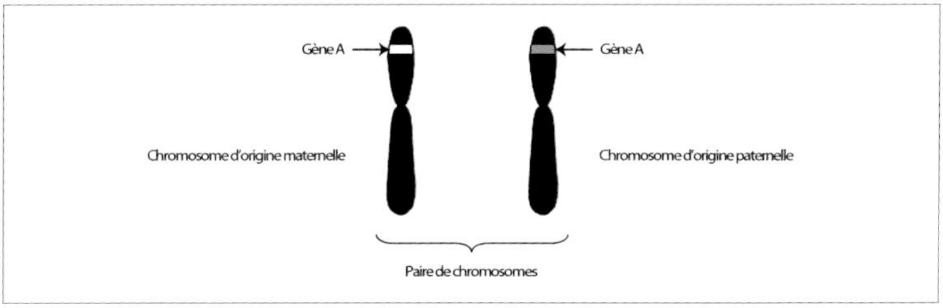

FIG. 32. Paire de chromosomes. Dans chaque paire, un chromosome provient de la mère et l'autre du père. Leur structure est identique : il existe un gène A sur les deux chromosomes, positionné au même endroit. La version de ce gène peut par contre varier : ici l'allèle « blanc » est hérité de la mère, tandis que le père a transmis l'allèle « gris ».

Des phénomènes de dominance existent entre les différents allèles d'un même gène. Le variant exprimé par l'individu correspond ainsi le plus souvent soit à un seul des allèles, soit à un intermédiaire des variants codés par les deux allèles. Seule la paire de chromosomes 23 est un peu particulière car c'est la paire des chromosomes sexuels, qui peuvent être très différents (chez la femme les chromosomes sexuels sont deux X, chez l'homme un X et un Y ; ce schéma varie selon les espèces).

Nous savons que les cellules sexuelles ne contiennent que la moitié du nombre total de chromosomes (donc 23 chez l'homme), et que cette moitié est « choisie » aléatoirement. En fait, **les cellules sexuelles contiennent un chromosome de chaque paire**, **et c'est au sein de chacune de ces paires que le choix entre les deux chromosomes qui la constituent est fait au hasard**. À la fécondation, quand une cellule sexuelle mâle fusionne avec une cellule sexuelle femelle, on retrouve deux chromosomes par paire, l'un provenant de la mère et l'autre du père.

Des fréquences qui dérivent

Cette transmission des chromosomes, et donc des allèles, a pour conséquence qu'un individu qui possède sur un chromosome un certain variant pour un caractère donné peut le transmettre *ou pas* à son descendant, du fait du hasard dans la formation de la cellule sexuelle qui a donné naissance à ce descendant. En effet, pour chaque gène l'individu possède deux versions (l'une maternelle, l'autre paternelle). Si ces versions sont identiques le descendant héritera forcément du variant porté par son parent. Mais si ces deux versions sont différentes, le descendant n'en héritera que d'une seule, tirée au hasard parmi les deux portées par son parent.

Finalement, si pour un caractère donné plusieurs variants sont présents dans la population, mais que ces variants sont sélectivement neutres, **ce simple processus dû au hasard lors de la formation des cellules sexuelles va faire varier la fréquence des différents variants**. Le caractère (et donc

l'espèce) va ainsi évoluer, sans intervention de la sélection naturelle. On appelle ce processus la *dérive génétique*. À la différence de la sélection naturelle, la dérive génétique est *imprévisible*, même si le milieu ne change pas.
Comme la sélection naturelle, la dérive génétique tend à la *fixation* d'un variant, c'est-à-dire à ce que tous les individus de la population le possèdent (et donc à ce que tous les autres variants disparaissent). Les deux mécanismes diffèrent cependant : par sélection naturelle, c'est le variant le plus avantageux qui tend à être fixé ; par dérive génétique, c'est un variant au hasard qui tend à être fixé.

Plus on est nombreux, moins on dérive

Dans le processus de dérive génétique, la taille de la population joue un rôle extrêmement important. En effet, **plus la population est petite, plus l'ampleur du phénomène est grande et l'évolution rapide**. Il est simple de comprendre cette idée : dans une petite population, chaque variant d'un caractère donné est représenté par peu d'individus (dans un cas extrême, un seul). Si par hasard l'un de ces individus possède les allèles codant pour deux variants différents et qu'il transmet le même à toute sa descendance, la fréquence du second variant chute très vite. Par contre, si la population est grande, beaucoup d'individus portent le même variant. Si l'un de ces individus ne le transmet pas, tous les autres peuvent le transmettre et la chute de fréquence est faible. L'évolution par dérive génétique est donc d'autant plus lente que la population est grande [*cf.* FIG. 33].

On peut illustrer à la fois le caractère aléatoire de la dérive génétique et l'importance de la taille de la population dans l'intensité du phénomène par une simulation informatique. En effet, la loi mathématique qui régit la transmission aléatoire d'un allèle est simple et bien connue. On réalise ainsi deux simulations. Dans chacune d'entre elles, on étudie l'évolution de la fréquence d'un allèle dans 10 populations, sur 30 générations. La fréquence initiale de cet allèle est toujours de 50 %. La différence entre les deux simulations est que dans la première les populations sont constituées de 10 individus, tandis que dans la seconde elles sont constituées de 1 000 individus [*cf.* FIG. 34].

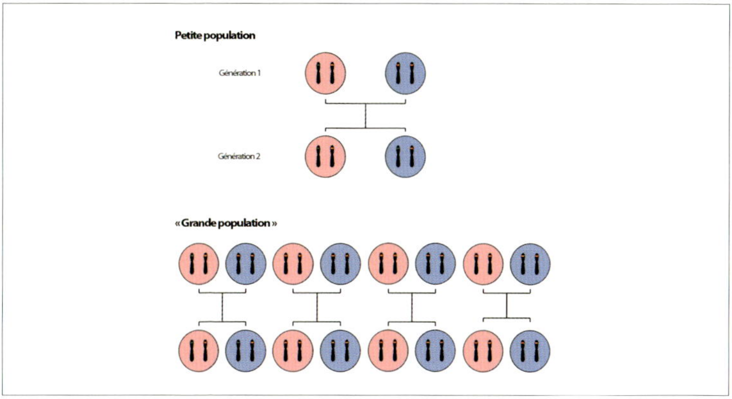

Fig. 33. Illustration de l'effet de la taille de la population sur l'intensité de la dérive génétique. Pour un gène donné il existe deux allèles, « vert » et « orange ». À la génération 1 l'allèle « vert » n'est présent qu'en une seule copie. Dans une population de deux individus sa fréquence est donc de 1 copie sur 4 possibles, donc 25 % ; dans une population de huit individus sa fréquence est de 1 copie sur 16 possibles, donc 6 %. Par hasard, la femelle possédant cet allèle « vert » le transmet à ses deux descendants. Dans une population de deux individus, la fréquence de cet allèle est donc de 50 % à la génération 2, tandis que dans une population de huit individus elle est de 12 %. La fréquence a certes doublé dans les deux cas, mais elle a fait un bond de 25 % dans la petite population alors qu'elle n'a augmenté que de 6 % dans la « grande » population.

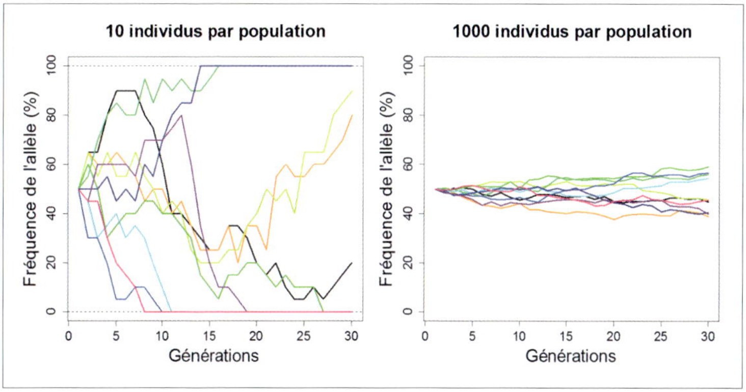

Fig. 34. Simulation informatique de la dérive génétique. À gauche : évolution de la fréquence d'un allèle dans 10 populations de 10 individus chacune. À droite : évolution de la fréquence d'un allèle dans 10 populations de 1 000 individus chacune.

La simulation permet de bien se rendre compte du caractère aléatoire de la dérive génétique : dans certaines populations l'allèle a disparu au bout des 30 générations (sa fréquence est de 0 %), dans d'autres il a été fixé (sa fréquence est de 100 %), tandis que dans d'autres il coexiste encore avec d'autres allèles (sa fréquence est intermédiaire entre 0 et 100 %). De plus, dans les populations de 1 000 individus l'évolution de la fréquence de l'allèle est bien plus lente que dans celles de 10 individus. Néanmoins, cette évolution existe bel et bien dans les grandes populations, et si l'on continue la simulation sur plusieurs dizaines de générations l'allèle sera soit fixé, soit perdu.
La conclusion de tout ceci est qu'**un caractère qui présente de la variation évolue toujours** : soit par sélection naturelle si les variants ne sont pas tous aussi avantageux, soit par dérive génétique s'ils sont sélectivement neutres. Finalement, quels qu'en soient le ou les processus à l'origine, une espèce évolue constamment.

Pourquoi certaines espèces semblent ne pas évoluer ?

Des oubliés de l'évolution ?

Que ce soit par sélection naturelle, par sélection sexuelle ou par dérive génétique, **les espèces évoluent en permanence**. Pourtant, certaines semblent échapper à ce schéma et apparaissent comme figées dans le temps depuis des centaines de millions d'années. On les appelle — par erreur — des « fossiles vivants ». Dans le règne animal, l'espèce la plus connue est certainement le cœlacanthe, l'un des « poissons » les plus proches des vertébrés terrestres. Dans le règne végétal, le ginkgo, cet arbre immense aux feuilles en forme d'éventail, est le plus célèbre.
Ces espèces sont présentées comme des « fossiles vivants » car elles ressemblent beaucoup à des espèces que l'on retrouve à l'état fossile dans des roches datant de plusieurs centaines de millions d'années (400 pour le cœlacanthe, 250 pour le ginkgo). On a donc *l'impression* qu'elles n'ont pas changé, pas évolué, depuis tout ce temps. Cela va apparemment à l'encontre d'un processus d'évolution,

puisque même si celle-ci est généralement lente, en 250 millions d'années il a dû se passer beaucoup de choses !

Les fossiles, des photographies très partielles

Pour comprendre pourquoi ces cas ne sont pas aberrants, et pourquoi le terme de « fossile vivant » est erroné, il faut avoir à l'esprit une chose extrêmement importante : **sur des fossiles, on ne peut voir que la morphologie externe des individus**. Avec beaucoup de chance, on peut quelquefois découvrir un fossile où une partie de la morphologie interne est visible, mais une telle fossilisation est rarissime. Et dans tous les cas, la seule chose accessible est la morphologie, la structure de l'animal ou de la plante. Il est littéralement impossible de savoir comme fonctionnait l'organisme au niveau moléculaire, et encore plus de connaître la diversité génétique (ou diversité des allèles) présente dans l'espèce.

Or la morphologie est codée par moins de 5 % des gènes d'un organisme. Cela veut dire que, même si l'on trouvait des fossiles de différents âges dont la morphologie est parfaitement identique (ce qui n'est jamais arrivé), on passerait tout de même à côté de l'évolution de 95 % des gènes ! C'est pour cette raison qu'il est impossible de dire qu'une espèce n'a pas évolué depuis des centaines de millions d'années simplement parce qu'elle est peu différente morphologiquement de ses ancêtres : en observant uniquement la morphologie, on n'a accès qu'à *une toute petite partie* de ce qui peut évoluer dans une espèce. Le terme de « fossile vivant » est donc à oublier.

Pour l'anecdote, le premier fossile montrant une partie de la structure interne d'une nageoire de cœlacanthe a été trouvé en 2007. Il nous a appris que si de l'extérieur rien n'avait vraiment beaucoup changé jusqu'aux espèces actuelles, le squelette interne avait lui nettement évolué…

Comment se forment les nouvelles espèces ?

Expliquer que certaines espèces disparaissent peut être relativement simple : à cause d'un compétiteur trop fort, suite à une catastrophe naturelle d'ampleur mondiale (comme une chute de météorite) ou encore à cause de la chasse par l'homme... Expliquer comment de nouvelles espèces se forment est par contre un challenge bien plus ardu.

L'espèce, un concept difficile à définir

La première grande difficulté lorsque l'on veut expliquer la formation d'une nouvelle espèce (ou *spéciation*), consiste à répondre à une question extrêmement simple en apparence : qu'est-ce qu'une espèce ? À partir de quel moment, sur quels critères dit-on que tel individu fait partie d'une espèce et que tel autre individu fait partie d'une autre espèce ?
La réponse à cette question est complexe et, en pratique, aucune définition ne satisfait l'ensemble des biologistes. En évolution on utilise la définition la plus communément admise, proposée par Ernst Mayr en 1942. La comprendre nécessite de définir une notion essentielle : *la population*. Une population correspond à un groupe d'individus qui se reproduisent ensemble et qui sont généralement séparés dans l'espace d'autres groupes d'individus de la même espèce. **Une espèce est, elle, définie, depuis Mayr, comme un ensemble**

de populations dont les individus de chacune peuvent naturellement se reproduire avec les individus des autres, en donnant des descendants viables et fertiles. Le critère central de cette définition est ainsi *l'interfécondité*, c'est-à-dire la possibilité de s'accoupler et de donner une descendance viable et fertile.

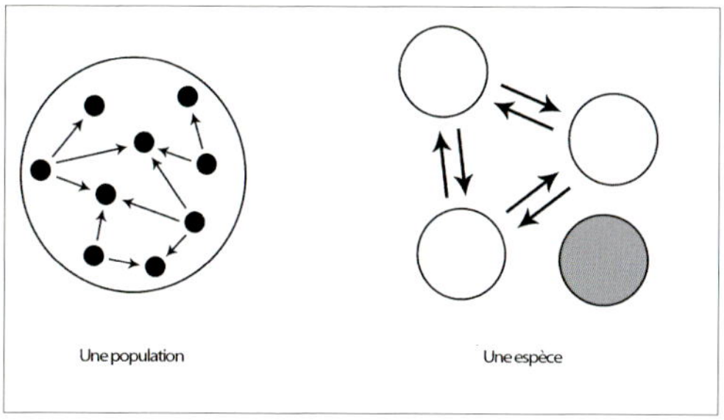

Fig. 35. Une population est un groupe d'individus qui se reproduisent ensemble (les flèches vont des mâles vers les femelles). Une espèce est un groupe de populations dont les individus de chacune peuvent se reproduire avec les individus des autres (ici les trois populations blanches font partie de la même espèce, mais pas la grise).

Cette définition paraît simple, mais il faut être conscient qu'elle a des limites. Lorsque l'on travaille avec des fossiles par exemple, on ne peut pas dire si tel individu et tel autre pouvaient se reproduire ensemble ! De même, chez les espèces se reproduisant de façon asexuée (comme les bactéries), il n'y a pas de mâles et de femelles. Chaque individu donne des clones de lui-même, sans aucun croisement avec un autre individu. On ne peut donc pas dire si deux individus sont interféconds.

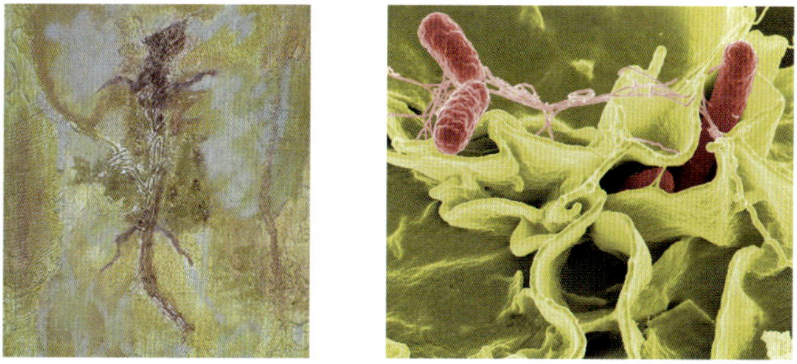

Fig. 36. Deux situations où le critère d'interfécondité ne peut pas être utilisé pour définir une espèce : l'étude des fossiles (à gauche) et des bactéries (à droite).

En pratique, vérifier l'interfécondité de plusieurs individus est difficile, surtout lorsqu'ils vivent dans des zones très éloignées. Il faut donc distinguer la théorie de la pratique lorsque l'on définit une espèce : en théorie, cette définition est basée sur le critère d'interfécondité ; en pratique, on utilise le plus souvent des critères morphologiques, plus ou moins faciles à observer et plus ou moins différents entre les espèces, mais qui présentent l'avantage d'être plus accessibles que l'interfécondité.

L'impératif de la spéciation : l'isolement reproductif

Le critère de base de la spéciation, celui qui sert à affirmer que deux groupes d'individus font partie d'espèces différentes, est l'interfécondité. **Pour qu'une nouvelle espèce se forme, il faut donc qu'il se mette en place une barrière qui empêche la reproduction avec les autres espèces**. Cette barrière est appelée *isolement reproductif*. Plusieurs mécanismes peuvent l'expliquer, certains se situant avant la fécondation et d'autres après.

La fécondation entre deux individus de sexes différents peut être empêchée par le fait qu'ils vivent dans des milieux différents (donc qu'ils ne se rencontrent pas), qu'ils ne se reproduisent pas au même moment (pas à la même saison par exemple), qu'ils ne soient pas sexuellement attirés l'un vers l'autre, que mécaniquement ils ne puissent pas s'accoupler (leurs organes génitaux étant par exemple de tailles très différentes) ou encore que les cellules sexuelles mâles de l'un ne puissent pas fusionner avec les cellules sexuelles femelles de l'autre.

Même si la fécondation a lieu, certains mécanismes peuvent toujours empêcher le descendant d'être viable et fécond. Ce sont notamment le fait que l'embryon ne se développe pas ou qu'il se développe mais qu'il soit stérile.

Selon leur complexité, ces différents mécanismes sont plus ou moins longs à mettre en place et plusieurs peuvent s'exercer simultanément. Mais quel que soit le mécanisme à l'origine de l'isolement reproductif, il permet, s'il est maintenu assez longtemps, la spéciation.

Fig. 37. Les mulets sont issus du croisement entre un âne et une jument. Même s'ils sont viables, l'isolement reproductif entre ânes et chevaux est bien réel : les mulets sont stériles (il en est de même pour les bardots, croisements plus rares entre un cheval et une ânesse).

La spéciation par transformation graduelle d'une espèce en une autre

Une espèce évolue en permanence, que ce soit par sélection naturelle, par dérive génétique ou encore par sélection sexuelle. Petit à petit chaque espèce se transforme donc, de façon plus ou moins visible de l'extérieur. **Quand un nombre suffisant de modifications se sont accumulées, on peut considérer que s'est formée une nouvelle espèce à partir de celle de départ**. Ce processus est appelé *anagenèse*.

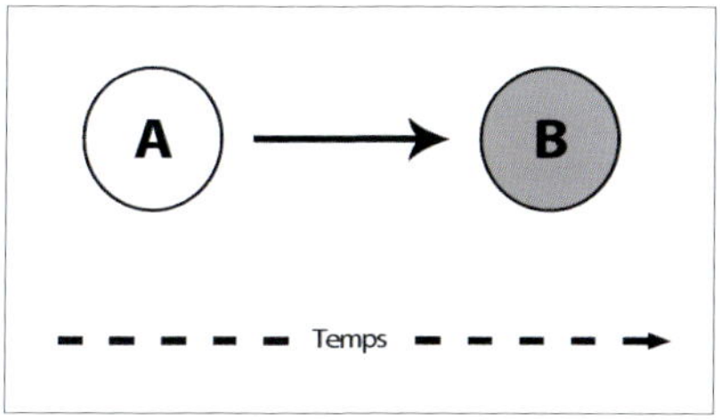

Fig. 38. Spéciation par anagenèse. Avec le temps s'accumulent les transformations dans l'espèce A, jusqu'au moment où l'on considère qu'elle est assez différente de l'état de départ pour avoir donné naissance à une espèce B.

Dans la pratique, l'anagenèse est souvent invoquée par les paléontologues. La fossilisation est en effet un processus extrêmement rare, qui fait que l'on retrouve rarement beaucoup de fossiles d'une même espèce au même endroit.

Il arrive aussi que pendant de longues périodes aucun individu de cette espèce ne se soit fossilisé (ou que l'on n'ait pas retrouvé ces fossiles). Un paléontologue peut donc retrouver des fossiles d'une espèce dans une roche datant d'un certain nombre de millions d'années et d'autres dans une roche plus récente de quelques millions d'années. Il va supposer que l'espèce est restée à peu près la même pendant les quelques millions d'années qui séparent la formation des deux roches, en tout cas vu de l'extérieur (puisque l'on ne peut rien voir d'autre sur les fossiles).
Il peut également arriver que dans la deuxième roche (celle qui est plus récente de quelques millions d'années) on retrouve des fossiles ressemblant aux premiers mais tout de même morphologiquement différents. Si ces différences sont jugées assez importantes, on pourra considérer que les fossiles des deux roches appartiennent à deux espèces différentes. En fait c'est simplement la première espèce qui a évolué, mais les paléontologues considèrent que cette première espèce a disparu en se transformant en la seconde, qui est donc apparue pendant les quelques millions d'années séparant la formation des deux roches.
L'anagenèse est un processus par lequel se forme une nouvelle espèce, mais qui n'apporte pas de diversité. En effet, il y avait une espèce au départ et il y en a toujours une à l'arrivée. On dit que c'est un processus *non diversifiant*.

La spéciation par division d'une population en deux populations

Ce mode de spéciation, appelé *allopatrique*, se rencontre lorsque l'aire de répartition d'une population — la zone dans laquelle elle vit, sa « patrie » — est divisée en deux zones indépendantes, dans lesquelles les deux populations évoluent chacune dans leur direction. Deux mécanismes principaux peuvent mener à la spéciation, l'un surtout du fait de la sélection naturelle (la *spéciation géographique*) et l'autre surtout dû à la dérive génétique (la *spéciation péripatrique*).

La spéciation géographique

Le point de départ du processus de spéciation est la division de l'aire de répartition de la population d'origine par la formation d'une barrière naturelle. Cela peut être un fleuve qui dévie de sa trajectoire, la formation d'une chaîne de montagnes ou encore la séparation de deux continents par l'ouverture d'un océan (comme l'Afrique et l'Amérique du Sud, qui formaient un même continent il y a 180 millions d'années et qui depuis s'éloignent l'un de l'autre). Tous ces processus mènent à la division de la population d'origine en deux populations. Séparées par l'obstacle naturel, ces deux populations ne peuvent plus communiquer.

Du fait que les mutations surviennent au hasard, ce sont de nouveaux variants différents qui apparaissent et sont soumis à la sélection naturelle dans les deux populations. De plus, si les milieux dans lesquels elles vivent diffèrent (par leur température, leur pluviosité ou encore parce que ce ne sont pas les mêmes espèces qui sont présentes), ce ne sont pas les mêmes variants qui sont les plus avantageux de part et d'autre de la barrière naturelle. La sélection naturelle fait donc évoluer les deux populations dans des directions différentes. Au bout d'un moment, elles ont tellement divergé que les membres de la première ne peuvent plus se reproduire avec ceux de la seconde. L'isolement reproductif est alors en place, et les deux populations de départ ont donné naissance à deux réelles espèces.

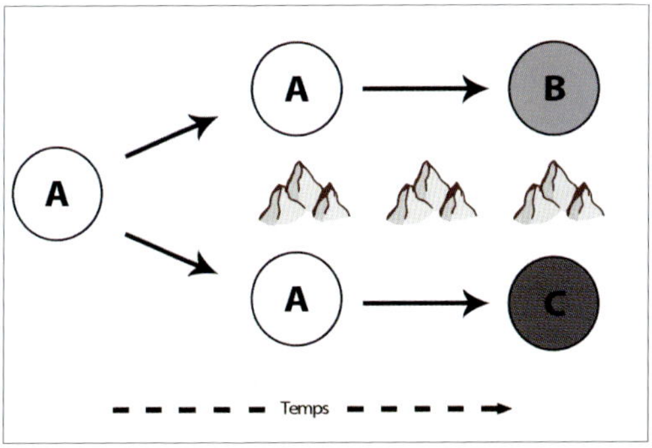

Fig. 39. Spéciation géographique. Une population de l'espèce A est divisée en deux par la mise en place d'une barrière naturelle (ici une chaîne de montagnes). Les deux populations évoluent différemment, jusqu'au point où les membres de la première ne peuvent plus se reproduire avec ceux de la seconde. À partir de l'espèce de départ se sont ainsi formées deux nouvelles espèces, B et C.

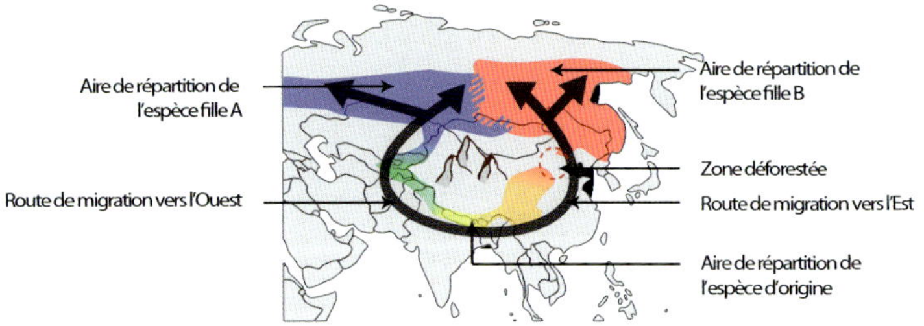

FIG. 40. Le pouillot verdâtre n'était à l'origine présent qu'au sud du plateau tibétain. De part et d'autre de l'Himalaya les populations qui sont remontées vers le nord ont évolué, mais dans des directions différentes (la route de migration de l'est a été interrompue ultérieurement par destruction du milieu de vie de l'oiseau par l'homme). Finalement, quand les deux routes se sont rejointes, les deux sous-espèces avaient suffisamment divergé pour que les individus de chacune ne se reproduisent pas avec ceux de l'autre. Deux espèces sont ainsi nées.

Ce mode de spéciation est très fréquent. Un exemple exceptionnel est celui du pouillot verdâtre, un petit oiseau vivant dans les forêts d'Europe de l'Est et d'Asie continentale. À l'origine il n'était présent qu'au sud du plateau tibétain, mais avec le temps il a colonisé les zones plus au nord. L'Himalaya étant un obstacle infranchissable, deux routes de migration bien distinctes se sont mises en place : l'une à l'ouest, l'autre à l'est. De génération en génération, des caractères tels que le plumage ou la structure du chant ont évolué le long de ces routes de migration — par sélection naturelle, sélection sexuelle et dérive génétique, différenciant les populations du sud de celles les plus au nord. Elles sont par contre toujours interfécondes, c'est la raison pour laquelle toute une série de sous-espèces (et non d'espèces) a été définie du sud au nord (les aires de répartition de ces sous-espèces sont représentées par des couleurs différentes sur la carte). Mais comme ce ne sont pas les mêmes variants qui sont apparus de part et d'autre de l'Himalaya, l'évolution s'est faite dans des directions différentes le long des deux routes de migration. C'est ainsi que lorsque les deux routes se sont rejointes en Sibérie, les sous-espèces avaient assez divergé pour ne plus se croiser. Leurs plumages sont bien différents, la structure de leur chant est bien différente, et surtout les individus ne se reproduisent pas entre eux. Au nord du plateau tibétain, ce sont donc deux réelles espèces qui sont en présence. Cette situation rarissime est une occasion unique de comprendre le processus de spéciation géographique.

Contrairement à l'anagenèse, la spéciation géographique est un processus *diversifiant*. En effet, il y a une espèce au départ et il y en a deux à l'arrivée.

La spéciation péripatrique

À l'origine de ce second processus de spéciation, c'est un petit groupe d'individus de la population de départ qui la quitte et va s'établir ailleurs, dans un milieu où l'espèce n'était pas présente jusqu'alors. Dans ce petit groupe d'individus, il y a de fortes chances que, pour les caractères variables, tous les variants qui étaient présents dans la grande population d'origine ne soient plus représentés, ou alors dans des proportions très différentes. On peut imager ce phénomène par un sac dont on ne pourrait pas voir l'intérieur, rempli de boules de couleur : imaginons que dans ce sac on ait placé cent boules, de cinq couleurs différentes. Si l'on tire seulement dix boules au hasard, il est fort probable que dans notre petit échantillon les cinq couleurs ne soient pas représentées [*cf.* Fig. 41]. Si en plus l'une de ces couleurs était rare dans le sac, elle a encore moins de chance d'être tirée. De la même façon et d'un point de vue génétique, on dira que pour les gènes qui présentent plusieurs versions (les allèles) dans la population de départ, il y a de fortes chances que tous ces allèles ne soient pas présents dans le petit groupe qui s'en va. Il y a donc une *perte de diversité génétique* (ou diversité des allèles) dans ce groupe, que l'on appelle *effet fondateur*.
Une fois que le petit groupe d'individus fondateurs est arrivé dans le nouveau milieu, ses membres vont naturellement se reproduire entre eux. Or la dérive génétique joue un rôle d'autant plus grand que la taille de la population est faible. Par le simple jeu du hasard lors de la formation des cellules sexuelles, des allèles ne seront donc pas transmis à la descendance. D'autres variants seront donc encore perdus par rapport à la population d'où sont partis les fondateurs.

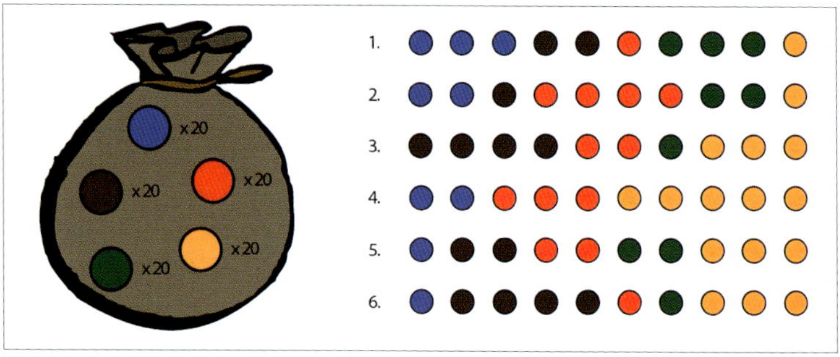

Fig. 41. Cent boules de cinq couleurs équitablement réparties sont placées dans un sac. Lorsque l'on tire au sort 10 boules dans ce sac, il est fréquent qu'une couleur soit sur-représentée ou sous-représentée (voire absente) dans l'échantillon par rapport au sac de départ. Il en est de même de la diversité génétique dans un petit groupe qui quitte une grande population.

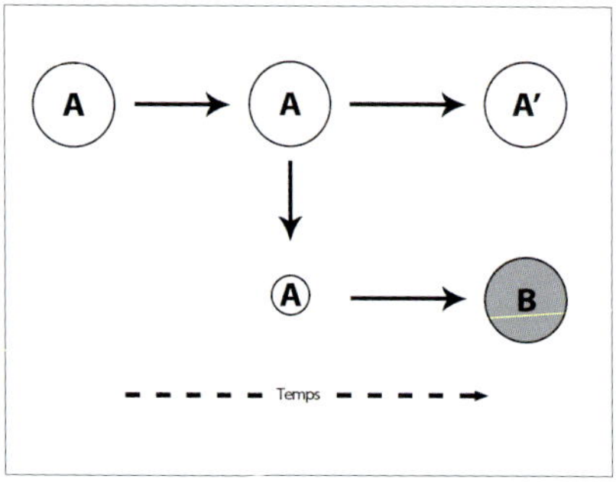

Fig. 42. Spéciation péripatrique. Un petit groupe d'individus de l'espèce A quitte la population d'origine pour en fonder une nouvelle dans un autre milieu. Par l'addition de l'effet fondateur, de la dérive génétique et de la sélection naturelle, la petite population évolue rapidement, jusqu'au point où ses membres ne peuvent plus se reproduire avec ceux de la population d'origine. Une nouvelle espèce B est ainsi née, à partir de la population issue des individus fondateurs. La population d'origine, elle, a évolué bien plus lentement.

Si l'on ajoute l'effet fondateur et celui de la dérive génétique, la nouvelle population peut très vite se différencier de la population d'origine (bien plus vite que dans le processus de spéciation géographique). De plus, au fur et à mesure que cette nouvelle population va grandir, de nouveaux variants vont apparaître par mutation, qui n'ont aucune raison d'être les mêmes que dans la population de départ. Partant de variants différents, la sélection naturelle va faire évoluer les deux populations dans des directions différentes. C'est ainsi qu'un isolement reproductif peut *rapidement* s'installer entre les deux populations, et que celle constituée au départ par le petit groupe de fondateurs peut former une nouvelle espèce [*cf.* FIG. 42].

La spéciation péripatrique est un phénomène relativement fréquent, à la fois chez les végétaux et les animaux. C'est par ce scénario que l'on explique l'apparition d'une nouvelle espèce de moustique… dans le métro de Londres ! Cette nouvelle espèce a été découverte lors de la seconde guerre mondiale, lorsque les personnes qui se réfugiaient dans les tunnels du métro pendant les bombardements se sont plaintes d'un moustique très agressif. Il s'est avéré par la suite que l'espèce souterraine était en fait issue de la colonisation des tunnels du métro par quelques individus venus de surface. Les deux espèces sont morphologiquement indifférenciables, mais leurs mœurs sont très différentes : l'espèce souterraine se reproduit en espace confiné tandis que celle de surface en est incapable ; l'espèce souterraine n'hiberne pas, tandis que celle de surface le fait obligatoirement ; les femelles souterraines se nourrissent du sang de mammifères (les rats surtout, mais aussi… les techniciens du métro et les réfugiés de la seconde guerre mondiale) tandis que celles de surface se nourrissent sur des oiseaux. Enfin, et c'est le point le plus important pour parler de spéciation, les individus souterrains ne se reproduisent pas avec ceux de surface, même si on les met en présence.

FIG. 43. Les souterrains du métro de Londres sont un cas d'observation exceptionnel de la spéciation péripatrique. À partir d'un petit nombre de moustiques piégés vers le début du XXe siècle, une nouvelle espèce s'est formée en quelques dizaines d'années seulement.

Comme la spéciation géographique, la spéciation péripatrique est un processus *diversifiant*, avec une espèce au départ et deux à l'arrivée. C'est un phénomène particulièrement fréquent lorsqu'une île est colonisée par une espèce venue du continent. C'est ainsi que Madagascar par exemple est très célèbre pour les nombreuses espèces — animales et végétales — qui y vivent mais qui n'existent pas ailleurs. Dans les archipels, la spéciation péripatrique peut conduire rapidement à la formation de plusieurs nouvelles espèces, un phénomène que l'on nomme *radiation adaptative*. Aux îles Galápagos, c'est de cette façon que se sont formées, à partir d'une espèce venue du continent, pas moins de treize espèces de pinsons !

L'évolution, un phénomène fondamentalement diversifiant

La *biodiversité* est à l'honneur depuis quelques années. Cette notion est relativement complexe en biologie, mais dans son sens le plus simple on peut la traduire par « diversité des formes de vie » ou « diversité des espèces ».
Pour prendre la mesure de cette diversité, on peut essayer de compter le nombre d'espèces qui existent sur la Terre. À l'heure actuelle environ deux millions d'espèces ont été décrites — animaux, végétaux et micro-organismes confondus. Mais ce décompte est loin d'être terminé, puisqu'on estime qu'il pourrait y avoir entre cinq et cent millions d'espèces sur la planète !
Ces chiffres vertigineux illustrent bien le fait que **le vivant évolue dans toutes les directions possibles**, en se diversifiant en permanence. Après avoir vu comment se forment de nouvelles espèces, ce constat n'est pas surprenant. En effet, que ce soit par spéciation géographique ou péripatrique, ces deux mécanismes mènent à l'augmentation du nombre d'espèces.
Les mécanismes à l'origine de cette infinie diversification sont toujours les mêmes : d'abord les mutations (ou apparitions de nouveaux variants dans l'espèce) qui surviennent toujours au hasard ; ensuite, si deux populations de la même espèce sont dans des milieux différents (même légèrement différents), elles évoluent dans des directions différentes par sélection naturelle, simplement

car dans des milieux différents ce ne sont pas forcément les mêmes variants qui sont les plus avantageux ; enfin, même si les milieux sont semblables, la dérive génétique peut mener à la fixation de variants différents dans des populations séparées.

Finalement, **la meilleure façon de se représenter l'évolution du vivant est de s'imaginer un arbre à la croissance infinie, dont les branches partent dans toutes les directions possibles et sur lesquelles poussent régulièrement de nouveaux rameaux**. Pour le dire autrement, il n'existe aucune direction figée dans l'évolution, aucun chemin tracé, aucune finalité. Elle est fondamentalement buissonnante, comme Charles Darwin l'avait compris il y a déjà un siècle et demi.

Fig. 44. Représentation la plus réaliste de l'évolution du vivant : un arbre à la croissance infinie et omnidirectionnelle.

Conclusion

Nous avons survolé la théorie de l'évolution, expliqué ses fondements. Elle est en réalité bien plus complexe et subtile que ce que nous avons vu dans ces quelques chapitres, mais les grands principes sont là. Tout n'a bien sûr pas encore été compris, et des milliers de chercheurs partout dans le monde travaillent depuis des dizaines d'années à décrypter les processus évolutifs. Certains débats agitent toujours vivement la communauté scientifique, notamment sur la vitesse à laquelle les espèces évoluent ou sur l'équilibre entre sélection naturelle et dérive génétique. Il est un point en revanche sur lequel le doute n'est plus permis, et depuis fort longtemps : l'évolution des espèces est un fait, et la sélection naturelle en est le principal moteur. La théorie de l'évolution ne peut donc pas être réduite à une simple hypothèse, c'est un tout à la fois cohérent et jamais réfuté, affiné en permanence depuis 150 ans.

Il est indiscutable que le principe d'évolution des espèces heurte les croyances d'une partie de la société. Ce n'est d'ailleurs pas la première fois dans l'histoire des sciences que cela se produit : Copernic en a fait l'amère expérience lorsqu'il a proposé que la Terre tournait autour du Soleil (phénomène que l'on nomme « héliocentrisme »), et non pas l'inverse. Aujourd'hui, qui peut remettre en cause ce principe fondamental ? Nous espérons que bientôt, la théorie de l'évolution sera aussi reconnue que la théorie copernicienne de l'héliocentrisme. Il est nécessaire pour cela qu'elle soit rendue accessible au grand public, afin de ne pas être réduite par des personnes de mauvaise foi à la simple question : « Croyez-vous à l'évolution ? ». C'est le but premier de cet ouvrage.

Maxime Hervé et Denis Poinsot

Sommaire

Remerciements

Merci à Per Harald Olsen, Claude Lebas et aux élèves de cours préparatoire de la Jarne de nous avoir gracieusement permis de reproduire leurs photographies originales. Merci à Anne Boudier pour avoir réalisé la couverture de cet ouvrage et pour sa relecture. Merci enfin à Sonia Dourlot et Annie Beaumard pour leur relecture.

Dans la même collection

(* existent aussi en breton)

*Du Big Bang à nos jours**
La Lune, vérités et légendes
La Mesure du temps
La Vie dans l'univers
L'Évolution des espèces - 1. Les preuves
*Le Ciel au fil des saisons**
*Le Phénomène des marées**
*Le Système solaire**
Les Araignées
*Les Gorilles**
Les Météorites, messagères de l'espace
Les Planètes extrasolaires
Vie et mort des étoiles

et découvrez également la collection Espace des sciences junior avec les séries Sais-tu pourquoi... ?, Fais l'expérience ! et Espèce d'animal !

----

09 JUIL. 2014

Éditions Apogée
11 rue du Noyer
35000 Rennes
T 02 99 32 45 95 F 02 99 32 45 98
contact@editions-apogee.com
www.editions-apogee.com

Dépôt légal : septembre 2013

Achevé d'imprimer en France sur les presses de l'imprimerie SEPEC, à Péronnas.
Numéro d'impression : 05175130721

IMPRIM'VERT®

PEFC 10-31-1470 / Certifié PEFC / Ce produit est issu de forêts gérées durablement et de sources contrôlées. / pefc-france.org